色如天相 器传千秋

中国古代绿松石文化展

Mirrored Like Sky,
Inherited by Generations:
The Exhibition of Turquoise
Culture of Ancient China

盘龙城遗址博物院　编

北　京

图书在版编目（CIP）数据

色如天相　器传千秋：中国古代绿松石文化展 / 盘龙城遗址博物院编. -- 北京：
科学出版社，2022.9
　ISBN 978-7-03-072814-2

Ⅰ. ①色… Ⅱ. ①盘… Ⅲ. ①绿松石—文化研究—中国—古代 Ⅳ. ①TS933.21

中国版本图书馆CIP数据核字(2022)第142508号

责任编辑：郑佐一 / 责任校对：王晓茜
责任印制：肖　兴 / 书籍设计：北京气和宇宙艺术设计有限公司

科 学 出 版 社 出版
北京东黄城根北街16号
邮政编码：100717
http://www.sciencep.com

北京汇瑞嘉合文化发展有限公司 印刷
科学出版社发行　各地新华书店经销

*

2022年9月第 一 版　开本：889×1194　1/16
2023年7月第三次印刷　印张：15 1/2
字数：340 000

定价：288.00元
（如有印装质量问题，我社负责调换）

编辑委员会

展览筹备

展 览 策 划 　万　琳

内 容 设 计 　李　琪　程酩茜　沈美辰

内 容 辅 助 　廖　航　王师慧

形 式 设 计 　游雪倩　吴　迪　于玲玲　李　琪　程酩茜　沈美辰

展 览 协 调 　廖　航　王　颖　李一帆

展 览 数字化 　廖　航

文 物 管 理 　付海龙　郭　剑　吕宁晨　刘　畅

宣 传 策 划 　宋若虹　白　雪　贺潇华　汪　筠　黄昌艳

社 会 教 育 　宋若虹　贺潇华　郝雨涵　胡嫄嫄　黄　景　邱宸荟
　　　　　　　殷晓梦

安 全 保 卫 　赵　东　庄松燕

展 览 辅 助 　王　智　李　巍　杨蕊荣　王岸英　罗素璇　余　甜

展览组织委员会

指导单位　武汉市文化和旅游局

主办单位　盘龙城遗址博物院

参展单位

中国社会科学院考古研究所　辽宁省文物考古研究院（辽宁省文保中心）

内蒙古博物院　内蒙古自治区文物考古研究院　鄂尔多斯市博物院

青海柳湾彩陶博物馆　青海藏医药文化博物馆　青海湟源古道博物馆

甘肃省博物馆　甘肃省文物考古研究所　天水市博物馆

陕西省考古研究院　西安大唐西市博物馆　宝鸡市考古研究所

河南省文物考古研究院　二里头夏都遗址博物馆　洛阳博物馆

平顶山博物馆　河北博物院　河北省文物考古研究院　山西省考古研究院

山东博物馆　山东省文物考古研究院　山东大学　四川博物院

成都金沙遗址博物馆　安徽省文物考古研究所　浙江省文物考古研究所

良渚博物院　云南省博物馆　云南李家山青铜器博物馆　湖北省博物馆

武汉博物馆　随州市博物馆　荆州博物馆　钟祥市博物馆　蕲春县博物馆

特别鸣谢

湖北省博物馆　武汉大学长江文明考古研究院

中国地质大学（武汉）珠宝学院　中国科学技术大学人文与社会科学学院

山东大学文化遗产研究院　武汉市观赏石协会　松石苑

绿松石有着宛如蓝天的美丽色泽，很早就引起了人类的注意，是人们最早开发利用的玉石品种之一。在我国，它与和田玉、岫岩玉、独山玉并称古代四大名玉，已有长达9000年的使用历史。从新石器时代早期，历经夏商及至宋明，绿松石承载着先民对真善美的不懈追求，成长为灿烂中华文化中独具魅力的一支——绿松石文化，时至今日，依旧广受推崇。

松石不语，自载千秋。

数往知来，让我们循着古代绿松石器，探寻先民们最深层的精神追求，领略中华文明最悠久的历史传承。

With its peculiar Azure blue luster and texture, turquoise attracts human since 9,000 years ago. Turquoise object is one of the very first kind of jade handcrafts. Turquoise, Hetian jade, Xiuyan jade, Dushan jade are the Four Great Jades in Chinese traditional culture. From the early Neolithic period through Xia-Shang dynasties, to later Song and Ming dynasties, turquoise has played an irreplaceable role in the pursuit of beauty in ancient Chinese history, gradually developing into a spectacular branch of the ancient Chinese civilization. Nowadays, it is still widely admired.

Silently, the turquoise tells the tale of generations of China.

Through the accumulation of history and the development of turquoise culture in ancient China, let us explore the spiritual pursuit of ancestors, finding the cultural root of Chinese civilization.

序一　绿松石的"国玉时代"

　　古人的观念中，没有地质学范畴的玉、石之别，许慎的《说文解字》以"石之美者"来定义玉，这就是文化意义上的玉。绿松石名列中国历史上的四大名玉，就反映了国人对玉之本质的认知传承。

　　色泽鲜艳、引人注目的特点，使绿松石跻身于美玉的行列。又因在岩石间沉淀为结核，故罕见体量大者。形体娇小便于琢磨，使得它在人类社会复杂化之前，就进入了人们的日常生活，作为小型饰品，开启了绿松石文化的先端。也正因其小巧，到了新石器时代晚期至青铜时代早期，除了小型饰品外，它又作为镶嵌物，见诸陶器、骨器和玉器等，成为这些器物耀眼的点睛之笔[1]。或许从这时起，某些镶嵌绿松石的器物与素朴的同类器的拥有者之间，已拉开了身份上的差距。

　　以绿松石嵌片为主体的镶嵌器，可以看作是绿松石文化发展史上的一个重要节点。这类器物最早见于山东临朐西朱封遗址和日照两城镇遗址的龙山文化高等级贵族墓。在西朱封遗址的一座大墓中，玉冠饰和玉簪附近出土了近千件绿松石小片，学者推测可能是镶嵌在头冠、头巾或玉冠饰上的。两城镇遗址的一座墓中，在墓主人左手腕上发现一件由 200 多枚嵌片组成的镶嵌绿松石器。从嵌片切割打磨规整、使用某种粘合剂镶嵌在木板之类承托物上等特征看，它应是二里头都邑绿松石龙形器的直接前身，属于广义的礼器范畴。至于属陶寺文化的山西襄汾陶寺、下靳墓地出土的镶嵌绿松石腕饰和组合头饰，绿松石片加工和镶嵌均不规整，工艺相对原始，年代已约当距今 4000 年前后的新石器时代末期，或为受海岱地区绿松石文化影响的产物[2]。

　　显然，在社会复杂化的过程中，新石器时代末期的绿松石镶嵌器，已成为满天星斗的邦国时代各地域早期国家中新兴贵族们的身份地位象征物之一。这可以看作是绿松石走向"国玉"的萌芽期。

　　随着公元前 1700 年前后二里头文化的崛起，东亚大陆最早的广域王权国家登场于中原腹地，中原王朝文明大幕开启。与此同时，绿松石迎来了她的"国玉时代"，而大型绿松石镶嵌器成为最重要的表征。

　　二里头文化第二期，二里头都邑开始进入兴盛期。与主干道网、大型多进院落宫室建筑群、铸铜作坊的出现同时，宫室建筑院内发现了成组的贵族墓，其中最令人瞩目的是出土有大型绿松石龙形器、铜铃等多量随葬品的墓葬。长达 70 厘米余、由

1　秦小丽：《绿松石、海贝与红玛瑙——公元前 2000 年前后的地域间交流》，《南方文物》2021 年第 5 期。

2　王青：《试论镶嵌铜牌饰的起源和传布——从日照两城镇遗址的新发现说起》，《三代考古·八》，科学出版社，2019 年。

2000 多片细小的绿松石片粘嵌而成的绿松石龙形器，其用工之巨、制作之精、体量之大，在绿松石镶嵌器中罕见，具有极高的历史、艺术与科学价值[3]。近年，宫殿区大型建筑院内又发现数座出土大型绿松石镶嵌器的高规格墓葬，其中正在实验室内清理的一座第一等级的墓葬还伴出绿松石蝉形器、绿松石串珠等饰件，极有可能是二里头遗址迄今为止发现的随葬品最为丰富，随葬绿松石器最多的一座[4]。

这些史无前例、融入高精尖技术和社会劳动的"国宝级"珍品，极具"纪念碑性"，支撑起了二里头绿松石文化的最盛期——绿松石的"国玉时代"。它所处的二里头文化早期，是青铜铸造技术未臻完备，工艺复杂的青铜礼容器群和以大型、片状、有刃为特征的玉礼器群尚未正式登场的时期。当时的工匠克服了绿松石原材料体量小的先天不足，将其从单独品的饰玉，变为化零为整、由多量嵌片组合而成的大型礼玉，成为高等级贵族甚至王权的垄断性标志物。它是东亚大陆"玉礼时代"的绝响，是"玉礼时代"与青铜（礼器）时代间的一座里程碑。

使用粘合剂镶嵌在有机质的承托物上，构成了二里头文化二期几例绿松石镶嵌器的共同特点。到二里头文化第三期，与最早的青铜礼容器大体同时，大型绿松石镶嵌器为形体偏小的嵌绿松石铜牌饰所取代[5]。这类铜牌饰上的主体纹饰，应该就是绿松石龙形器的简化和抽象描写。从绿松石龙形器，到兽面纹铜牌饰，再到商周青铜器纹饰上的动物母题，广义的龙形象在这种内在关联与整合规范化的过程中得以延续，构成华夏族群从多元走向一体的另一重要表征。

在古代中国，"吉金"是青铜的美称。那么，属于中国青铜时代肇始期的镶嵌绿松石铜牌饰，显然就是中国最早的"金镶玉"艺术品。此时正值青铜合金这种当时的高科技产业在东亚大陆初兴之时，烈火中范铸而成的贵金属青铜镶嵌着本土崇尚的宝玉绿松石问世，金玉共振，成为辉煌灿烂的中国青铜文明的先导。

二里头都邑还发现中国最早的绿松石器制造作坊，年代或可早自二里头文化早期，持续使用至最末期。

后继的二里岗文化绿松石器的制作与使用，延续了二里头文化晚期的态势。虽较

3　许宏、袁靖主编：《二里头考古六十年》，中国社会科学出版社，2019 年。

4　赵海涛、许宏：《河南省洛阳市二里头遗址》，《考古中国重大项目成果（2018-2020）》，文物出版社，2021 年。

5　许宏：《二里头 M3 及随葬绿松石龙形器的考古背景分析》，《古代文明·第 10 卷》，上海古籍出版社，2016 年。

二里头文化早期稍逊，但也不乏亮点。其中最令人瞩目的，要数湖北武汉盘龙城出土的绿松石镶金饰件，这又是中国最早的、真正的金镶玉艺术品。

从对绿松石文化发展进程的梳理中，可知绿松石器经历了形体上从单体小型饰品，到大型镶嵌器（礼器）的问世，再到以小型饰品和辅助性装饰为主的演变过程；而这一过程，又与其使用范围上从民间，到庙堂，再到庙堂/民间互见的过程大致对应。其中最令人瞩目的，当然就是我们上面简述的中国绿松石文化悠长的发展史上，三千多年前那一段作为礼玉的独占期——绿松石的"国玉时代"。此后的一系列赓续，都是建基于这个大时代的。

囿于研究视野和学力，这里不敢对后世斑斓多彩的绿松石文化的发展历程置喙，故就此打住。蒙万琳院长盛情邀约，忝为小序，抛砖引玉，如对诸君理解古代绿松石文化有所助益，则幸甚。

借此机会，我们要感谢以盘龙城遗址博物院为首的主办方的多方运筹精心擘画，才使得这个大展得以成功举办。这是对中国古代绿松石文化发现与研究工作的一个集中总结和检阅，相信也必将深化对相关问题的认识、促进绿松石文化的传承与创新。

许宏

中国社会科学院考古研究所

2022 年 3 月 4 日

序二　绿松石：华夏文明的见证

　　1927 年中国地质界老前辈章鸿钊先生，在其名著《石雅》中对绿松石的释义为："形似松球，色近松绿，故以为名"，是说其产出常为结核状、球状，色如松树之绿，因而被称为"绿松石"，简称为"松石"。英文名Turquoise，意为突厥玉。

　　绿松石是一种含水铜铝磷酸盐的隐晶质矿物集合体，主要化学成分 $CuAl_6(PO_4)_4(OH)_8 \cdot 4H_2O$，可含少量高岭石、石英、黄铁矿、云母、磷铝石、铁的氧化物和氢氧化物等杂质矿物。

　　由于绿松石与磷铝石、孔雀石和费昂斯在外观颜色上相似，在鉴定出土绿松石时易与之相混。

　　绿松石的颜色包括天蓝、淡蓝、蓝绿、绿、浅绿、黄绿、褐黄、土黄、灰白色等多种。其原生色主要受铜、铁、锌含量的影响，铜含量高则色蓝，铁含量高则色绿，锌含量高则色黄，可有天空蓝、苹果绿和菜籽黄等特色品种；其次生色主要受铁矿物等的影响，呈现褐黄、土黄等。另外绿松石疏松多孔时，颜色也较浅。

　　绿松石密度的变化范围很大，从 2.4 至 2.9g/cm³，除了受成分影响外，孔隙度也是重要的影响因素。由于孔隙度过大，现代开采的绿松石只有不到 20% 的原石可以直接加工利用，其余均要经过优化才能用于制作首饰，因而古代绿松石加工利用率不高，挑选大量优质的绿松石镶嵌片并不容易。

　　绿松石矿床主要为风化淋滤成因，依其母岩不同可以分为两种类型：沉积岩型和岩浆岩型。我国及邻域沉积岩型的绿松石主要集中在鄂豫陕地区，另外新疆、青海、甘肃、内蒙古、云南，以及乌兹别克斯坦也有分布；岩浆岩型绿松石则分布于我国安徽，和国外伊朗和蒙古等地。

　　我国沉积岩型的绿松石主要赋存于寒武系黑色的含碳硅质板岩、页岩及附近岩层中。地表水大气水等沿构造裂隙淋滤，溶解黑色岩系中的铜、铝、磷元素，形成含有成矿元素的流体，在下部地层的裂隙中沉淀结晶为绿松石。成矿条件较差的地区，绿松石常为薄片状，加工后常留有石皮（围岩），残留的原石中则有黑色、黄色、白色等杂质矿物，这些信息可以用于产源判断。

　　黑色岩系还含有丰富的多金属元素如钒、镍、钼、锰、铅、锌、铀、钯等，在绿松石淋滤成矿过程中会被绿松石继承。由于不同矿区的母岩特征有所差异，给微量元素产源分析留下了较好的证据。我国现代绿松石的主产区位于鄂豫陕矿区的南矿带。它与报道的五处古代绿松石采矿遗址，均属沉积岩型。

　　我国岩浆岩型的绿松石主要赋存于岩浆岩型铜铁矿点的近地表风化淋滤带中，主要分布在安徽铜陵、马鞍山等地。该类绿松石中的杂质矿物主要有石英、高岭石和黄铁矿等，没有黑色石皮。由于岩浆岩型的绿松石结构疏松，孔隙度较高，目前经过优化后，多数供应美国、日本市场。

中国绿松石的母岩分布范围较明确，利用地质学、地球化学等手段可以较好地开展产源研究。借助"'竹山绿松石'产地溯源体系及地理标志管理研究"和"宝玉石类高值产品产地溯源与无损鉴别关键技术研究"两个玉石学课题的研究，目前我们团队收集了中国及邻域 10 个绿松石矿区、14 个矿带、23 个矿点的 1335 件样品，获得了 2150 个有效数据，建立了中国绿松石产源研究数据库。相关技术已应用于国家地理标志产品"竹山绿松石"，能够将样品是否来自竹山县矿点的鉴定准确率保持在 98% 以上。

将中国绿松石产源研究数据库应用于先秦出土绿松石的产源分析时，发现在判断产源矿区时准确率较高，但在精准判断产源矿带及矿点时准确率下降。尤其是新石器晚期、末期出土绿松石产源矿带的判断准确率明显降低。

进一步研究发现新石器时期古人可能就地就近开发利用矿化点的绿松石资源。矿化点是指有绿松石形成，但含矿很少，现代没有开采价值的地段。对鄂豫陕矿区的北矿带、中矿带各矿化点绿松石的产源特征数据进行补充后，新石器出土绿松石的矿带判断准确率可明显提高。

目前报道有五处古代绿松石采矿遗址，时间主要集中在夏商周时期。洛南河口与卢氏拐峪两处遗址位于鄂豫陕矿区的北矿带。其中河口是目前发现我国最早的绿松石采矿遗址，年代距今 3925～2535 年。拐峪开采时间主要集中于两周时期。黑山岭与天湖东两处遗址位于新疆东部，开采时间相近，年代跨度在距今 3470～2390 年之间。羌黑山岭是目前发现最大的古代绿松石采矿遗址。浩贝如遗址位于内蒙古阿拉善右旗，开采时间在东周时期。

从对贾湖、良渚、好川、二里头、盘龙城、叶家山、乔家院和八亩墩等遗址出土的 209 件绿松石进行的产源初步研究，可知先秦绿松石主要产源地可能为鄂豫陕矿区，矿区北、中矿带为早期主要产源地，南矿带在商周时期才逐步投入使用。在绿松石被大量使用的夏商周时期，新疆、内蒙古等矿区可能成为产源的有益补充。

对中国"绿松石之路"的研究，未来需要地质学、地球化学和考古学等多学科的共同合作，其路线绘制才能更全面、更准确。

我国最早利用绿松石的是贾湖文化。贾湖文化一期和二期出土了千余粒绿松石，三期开始明显减少。同期的邻域文化（如裴李岗、石固、水泉、沙窝等遗址）仅出土 1～6 粒，可能是与贾湖交流获得。较远的湖南八十垱遗址、河北北福地遗址和甘肃大地湾遗址也有绿松石出土，这些遗址获得绿松石的路径值得研究。这些遗址出土的绿松石表明我国绿松石利用始于九千年前，在距今八千年左右，绿松石就有超千里的交流半径。

在夏商之际，绿松石用量大增，资源紧缺，甚至出现统一开采、集中加工的国家垄断资源的现象。绿松石常加工成片状进行群镶，所镶材料多为贵重材料，早期为骨质、象牙、透闪石玉、漆器或木质材料，其后为青铜、黄金等；也常加工为管、珠或成串或缀饰，较少雕刻成单件使用。绿松石因颜色独特，常被用于展示美丽、富贵，也因其有天空之色，被用于神巫通天之术。

绿松石用于神巫通天这一功能，始于贾湖文化，盛于二里头文化，后逐渐为透闪石玉所取代。贾湖一期绿松石除用于耳坠、项链等装饰外，还放入眼窝用于瞑目；贾湖二期出现大量绿松石缀于裹尸布上用于殓尸。大汶口文化中嵌绿松石骨雕筒可能是事神的礼器，嵌绿松石骨指环则可能是事神时用的首饰。龙山文化西朱封遗址出土了近千件绿松石片，可能是镶嵌在冠饰上；山东两城镇遗址墓主人左手腕上发现一件由200多枚嵌片组成的镶嵌绿松石器；山西襄汾陶寺、下靳墓地出土了镶嵌绿松石腕饰和组合头饰。这些用有机物粘嵌的饰品可能与神巫通天有关。

二里头二期3号墓葬中墓主人右手揽抱由2000多片优质的绿松石片粘嵌而成的绿松石龙形器，其后又发现一件立体的绿松石龙形器。其后在二里头、三星堆和甘肃天水等地出土了十多件铜嵌绿松石牌。一件件"金镶玉"艺术品代表绿松石进入了"国玉时代"。

商早期盘龙城遗址出土的金镶绿松石龙可能是绿松石神巫通天功能晚期的代表文物，虽然其后仍有粘嵌绿松石的有机物器出现，但这一功能可能逐渐为透闪石玉所取代。

商代中晚期绿松石回归其美丽富贵的初始功能，常用于镶嵌于贵重礼器之上，如嵌绿松石象牙杯，嵌绿松石饕餮纹罍，嵌绿松石玉戈、玉矛、铜戈、青铜钺，其中杯、罍为酒器，戈、矛、钺属于兵器，嵌绿松石者均造型华丽、工艺精美，应当属于礼器范畴。

两周时期绿松石被大量用于镶嵌青铜礼器。如越王勾践剑，铸造精湛、剑刃锋利，剑身、剑格装饰华丽精美，一侧嵌绿松石，另一侧嵌进口的蜻蜓眼玻璃珠。又如曾侯乙墓出土的青铜器，九鼎八簋原本和铜盖豆一样，器身镶嵌绿松石，虽然出土时大部分已脱落，但仍可看出主人崇高的身份地位。

先秦时期少数民族政权也使用绿松石，以战国时期匈奴为代表。匈奴贵族将绿松石与金饰结合。绿松石金饰凸显独特的草原风格，结合中西文化内涵，既有装饰功能又有一定的政治意义。

在秦代到清代，绿松石主要作为彩色玉石的一种，地位虽有所下降，但被赋予了新的文化特征。绿松石常与其他玉石珠宝材料如红宝石、蓝宝石、碧玺、翡翠、青金石、玛瑙、琥珀、珊瑚、珍珠等组合出现，镶嵌在首饰或贵重器物上，或组合成珠串等饰品。

绿松石在不同的朝代融入了不同时代特色。如汉代流行吉祥文化，绿松石具辟邪作用；唐代、辽代佛教盛行，绿松石具宗教意义；宋明时期流行世俗文化，绿松石具有相应的文化特征，如童戏玉题材等。

绿松石为藏族人所偏爱，在藏族文化中占据重要地位。首先，绿松石与藏民族的灵魂信仰息息相关，发挥着"寄魂玉"的重要作用。其次，绿松石的蓝绿色被认为是希望的颜色，藏族绿松石的装饰功能与宗教功能互相渗透，融为一体。

总之，九千年以来绿松石一直是中国重要玉石材料之一，在不同朝代、不同民族的政权中发挥着相似又不尽相同的作用。

"色如天相　器传千秋——中国古代绿松石文化展"是我国首个中国古代绿松石文化展览。本次展览得到了 14 个省、市、自治区及全国 38 家考古文博机构的大力支持，参展文物很多是各馆的代表器型，来自贾湖遗址、二里头遗址、金沙遗址、殷墟遗址、晋侯墓地、马家塬墓地、曾侯乙墓、满城汉墓、吐尔基山辽墓、梁庄王墓等，涵盖了 9000 年以来的各个时期以及各个文化的重点绿松石器物。

展览共有四个单元，以"何为松石？"为切入点，按照时间顺序分为"华光初现——新石器夏商时期"、"流金耀世——两周秦汉时期"和"宝竞风雅——隋唐宋明时期"三个部分讲述我国悠久灿烂的绿松石文化。展览以展品为主体，量身打造柜内场景画、特制展具等，充分烘托文物之美，拉开了中国绿松石文化系统研究、展示的序幕！

本书是"色如天相　器传千秋——中国古代绿松石文化展"的展览图录，对于集中展示考古发掘成果中的绿松石文物、宣传中国绿松石文化，有着重要的意义。在漫漫历史长河中，绿松石文化的波涛汇聚起交流与融合的大潮，奔赴多元一体的华夏文明之海。让中华悠久的松石文化为人民的美好生活和民族的文化自信服务！

虽与松石结交 32 年，但受万琳院长之邀撰写书序仍然诚惶诚恐，理工视角难免窄小偏颇，请多多指导！

中国地质大学武汉珠宝大楼

2022 年 5 月 1 日

目 录

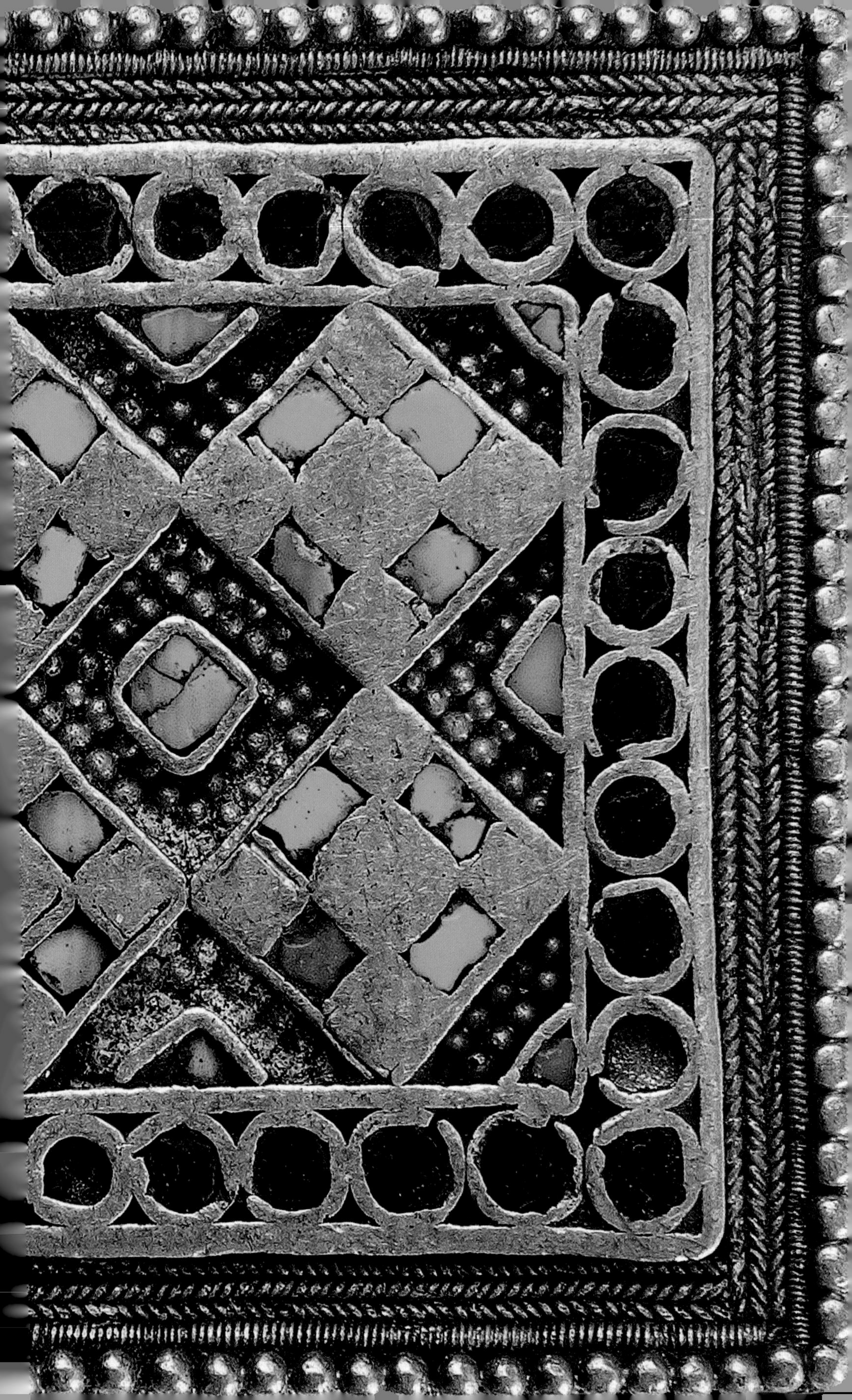

引言 何为松石?

文献记载中的绿松石

"绿松石"这一称谓始于清代,记载于《大清五朝会典》中:"皇帝朝珠杂饰,惟天坛用青金石,地坛用琥珀蜜蜡,日坛用珊瑚,月坛用绿松石。"清代以前,绿松石常以"瑟瑟""琅玕""甸子"的形式记载于古代文献。

1921年章鸿钊先生在其名著《石雅》中形象地阐释了绿松石这一称谓:"此(指绿松石)或形似松球,色近松绿,故以为名",是说绿松石因其天然产出常为结核状、球状,颜色多呈蓝绿色,因而被称为"绿松石",也可简称为"松石"。

总之,早期文献中记载的绿松石多侧重于功能的介绍,如多作为佩饰或装饰其他器物的镶嵌物,并以拥有绿松石的多寡来形容生活的富足程度。到后期还出现了对绿松石制品矿源的讨论。

矿物学上的绿松石

绿松石(turquoise)又称土耳其石,是一种无外来负离子含水的铜铝磷酸盐的次生矿物,主要化学成分$CuAl_6(PO_4)_4(OH)_8 \cdot 4H_2O$。在早期花岗岩中淋滤而成,在近地表矿脉中沉淀成结核,被岩脉的基质所包裹,硬度在3~6之间,密度2.4~2.9g/cm³。结核状绿松石个体较小,人们加工时有意选择"色匀质纯"的绿松石原料,使得可加工绿松石饰品的原料普遍形体小,大块绿松石原石就显得弥足珍贵。

2018年12月开始实施的国家标准《绿松石 分级》对绿松石的颜色、质地、表面洁净度、光泽、透明度、花纹进行了详细的分级说明,将绿松石分级上升到国家标准。其中颜色从蓝到橙色不等,像天蓝色、浅绿色等辨识度高的颜色被称为"绿松石色"。透明度从微透明至不透明不等,光泽分为玻璃、蜡状、土状三种。

不同光泽类型绿松石样品
(图片取自何翀、曹扶芳、狄敬如,等:《国家标准〈绿松石分级〉解读,《宝石和宝石学杂志》2018年第6期)

a.玻璃光泽　　　　b.蜡状光泽　　　　c.土状光泽

在颜色均一的块体上，也常见有分布不均的白色条带、斑点或黑色铁线，甚至是凹坑。绿松石表面常见的特殊花纹类型包括乌兰花、唐三彩、蛛网纹、水草纹、水波纹、雨点纹六种。

国家标准对于绿松石表面常见特殊花纹类型的描述与相关解读

特殊花纹类型	肉眼观察特征	示意图（图片取自《GB/T 36169–2018 绿松石　分级》）	绿松石样品（图片取自何翀、曹扶芳、狄敬如，等：《国家标准〈绿松石　分级〉解读》，《宝石和宝石学杂志》2018 年第 6 期）
乌兰花	以质地致密的蓝色绿松石为主体，铁线均匀，呈网状分布		
唐三彩	绿松石表面同时含有三种颜色，常为蓝色、绿色、黄色		
蛛网纹	绿松石表面呈现蜘蛛网状花纹图案，网纹分布均匀、粗细一致		
水草纹	绿松石表面呈现水草状花纹图案		
水波纹	绿松石表面呈现水波纹状花纹图案		
雨点纹	绿松石表面呈现雨点状花纹图案，并且雨点部分透明度较高		

我国古今绿松石矿分布情况

根据当代矿产调查，我国绿松石矿储量占世界的 70%，宝石级绿松石矿主要分布于陕西、湖北、河南三省交界的东秦岭地区，包括今天的湖北十堰郧阳区、竹山县、郧西县，河南淅川，陕西白河、平利，陕西洛南；另外，在安徽马鞍山、铜陵，青海乌兰，云南安宁，新疆哈密，甘肃敦煌，江苏江宁，内蒙古阿拉善右旗北部等地也发现有绿松石矿，但目前只有湖北、安徽、陕西等地仍进行绿松石矿的开采和加工。

工艺及现代应用

绿松石制品系由机械加工而成，其制作工艺与其他质料的玉器制作工艺基本一致，也是从制石工艺基础上发展而来，早期工艺比较简单，后期比较进步。传统工艺一般涉及以下步骤：剥皮→切割→预型→打磨→抛光，主要通过磨制、雕刻、钻孔等工艺进行预型，加工过程中还衍生出粘接等工艺。

现代工艺除了借助现代机器进行剥皮、切割、预型、打磨、钻孔、抛光之外，还试图从根本上改变绿松石原石体积小、成矿少的局限性。

新中国建立以来，考古发掘出土了大量的绿松石器，仅史前文化遗址中绿松石制品就已经覆盖至少 15 个省区，也成为了各大博物馆的重要文物，故宫博物院就保存有明清时期绿松石制品上万件。2015 年有着"中国绿松石之乡"之称的湖北竹山县建成开放了全球首家绿松石博物馆——国际绿松石博物馆，以宣传湖北的松石文化。

近些年绿松石的价值逐渐得到了肯定，因此成为很多收藏家关注的对象，其加工的首饰品和雕刻品具有极高的收藏价值和经济价值。中国绿松石看湖北，绿松石作为湖北的名片，代表中国，走向世界。

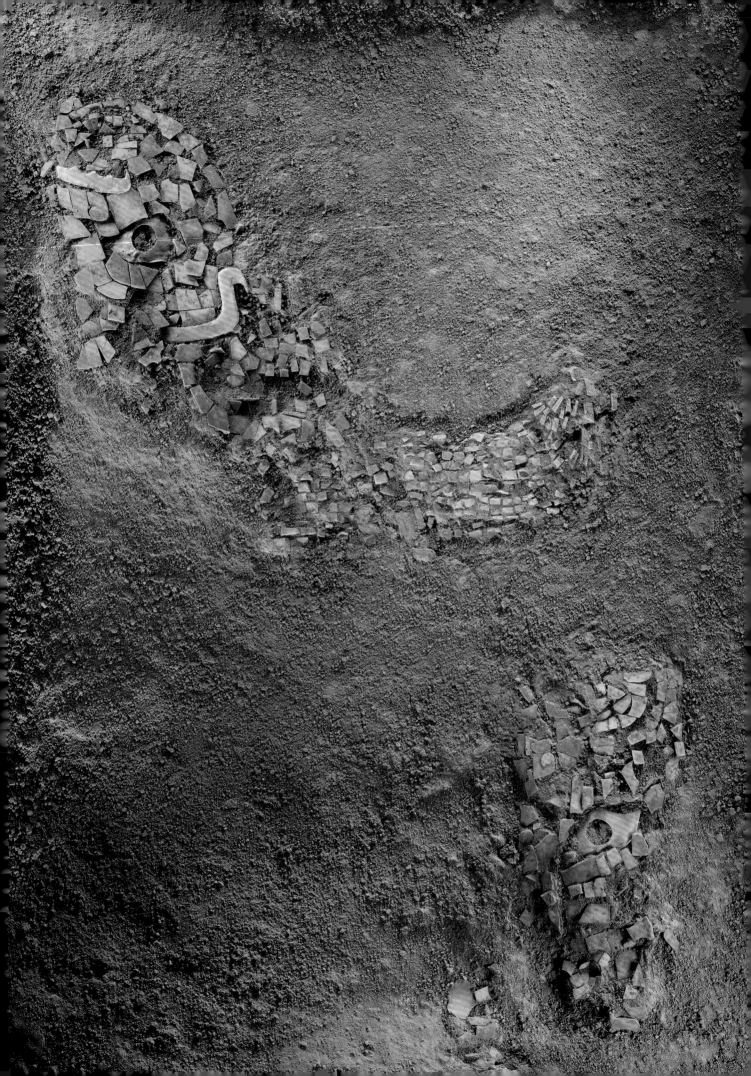

华光初现
——新石器夏商时期

　　人类对美的追逐探索从未停止，新石器时代早期，中原大地的贾湖先民，成为全世界制作使用绿松石的先驱，美丽的绿松石伴随着黄河流域古代文明的不断发展，在中华大地大放异彩，并于新石器时代晚期，发展出镶嵌技术。进入夏商时期，镶嵌技术和绿松石资源为上层社会所控制，绿松石成为礼仪用器，被视为王权的象征。

The Emergence of Glamour
From Neolithic to Shang Dynasty

　　Human being never cease the pursuit of beauty. Jiahu people in the early Neolithic firstly came in crafting turquoise. Since then, the beautiful turquoise objects thrived alongside the cultures of the Yellow River, sparkling on the landscape of China. During the late Neolithic, inlay of turquoise was created. In Xia and Shang Dynasty, the technique of inlay and the resource of turquoise were the exclusive of upper class. Turquoise objects were ritual wares at that time, being a symbol of the crown.

以玉
饰身
Adorned as
Accessories

　　新石器时代，绿松石最显著的功能就是装饰，作为单件或组件出现，成为人们广泛应用的饰品，包含头饰、颈饰、腕饰、耳饰等。新石器时代晚期，新出现的绿松石镶嵌技术，盛行于黄河流域，也见于长江下游地区。

The most crucial function of turquoise objects in Neolithic is to ornate and adorn. In form of a set or as a single piece, turquoise object was widely used as accessories, including headwear, neckwear, wristwear, earrings, etc. The inlaid turquoise objects started from late Neolithic and prevailed in the Yellow River Basin, then radiated to the lower Yangtze River Basin.

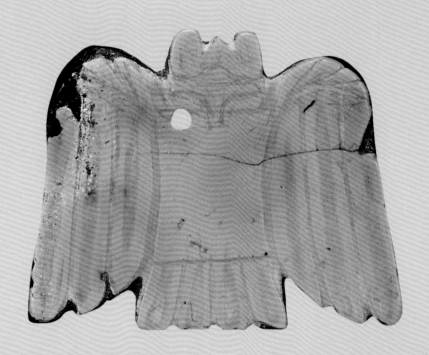

新石器时代早期，河南舞阳贾湖遗址出现了全世界最早的绿松石制品，距今约9000年。贾湖出土的绿松石色彩丰富，主要为天蓝、月白、墨绿等，其造型简单，不加雕琢，以圆形、三角形穿孔饰为主。

绿松石饰

新石器时代　裴李岗文化早期（距今9000～8000年）
长2.2、宽1.1～1.2、厚0.1厘米
河南舞阳贾湖遗址115号墓出土
河南省文物考古研究院藏

绿松石饰

新石器时代　裴李岗文化早期（距今9000～8000年）
长3、通宽0.8、厚0.1厘米
河南舞阳贾湖遗址127号墓出土
河南省文物考古研究院藏

绿松石饰

新石器时代　裴李岗文化早期（距今 9000～8000 年）
直径 1.6、厚 0.8 厘米
河南舞阳贾湖遗址 274 号墓出土
河南省文物考古研究院藏

绿松石饰

新石器时代　裴李岗文化早期（距今 9000～8000 年）
直径 1.1、厚 0.5 厘米
河南舞阳贾湖遗址 275 号墓出土
河南省文物考古研究院藏

绿松石饰

新石器时代　裴李岗文化早期（距今 9000～8000 年）
通长 2.7、通宽 0.7、厚 0.3 厘米
河南舞阳贾湖遗址 243 号墓出土
河南省文物考古研究院藏

绿松石饰

新石器时代　裴李岗文化早期（距今 9000～8000 年）
通长 3.2、通宽 0.6、厚 0.3 厘米
河南舞阳贾湖遗址 243 号墓出土
河南省文物考古研究院藏

绿松石饰

新石器时代　裴李岗文化早期（距今 9000～8000 年）
直径 0.6、厚 0.6 厘米
河南舞阳贾湖遗址 342 号墓出土
河南省文物考古研究院藏

绿松石饰

新石器时代　裴李岗文化早期（距今 9000～8000 年）
直径 1、厚 0.4 厘米
河南舞阳贾湖遗址 385 号墓出土
河南省文物考古研究院藏

绿松石饰

新石器时代　裴李岗文化早期（距今 9000～8000 年）
直径 1、厚 0.5 厘米
河南舞阳贾湖遗址 385 号墓出土
河南省文物考古研究院藏

绿松石饰

新石器时代　裴李岗文化早期（距今 9000～8000 年）
直径 1.2、厚 0.7 厘米
河南舞阳贾湖遗址 386 号墓出土
河南省文物考古研究院藏

绿松石鸮

新石器时代　红山文化（距今 6500～5000 年）
高 2.4、宽 2.8、厚 0.4 厘米
辽宁喀左东山嘴遗址出土
辽宁省文物考古研究院（辽宁省文物保护中心）藏

　　出土于东山嘴遗址大型基址之上，可能与祭礼有关。作展翅鸮形，片状，分两层，正面为绿松石面，背面为黑色石皮，正中对穿单孔。雕工细致精美，反映了红山文化玉器工艺的最高水平。

绿松石坠

新石器时代　大汶口文化（距今 6300~4600 年）
长 2.3、宽 1.4 厘米
山东章丘焦家遗址 91 号墓出土
山东大学藏

绿松石坠

新石器时代　大汶口文化（距今 6300~4600 年）
长 1、宽 0.8 厘米
山东章丘焦家遗址 152 号墓出土
山东大学藏

绿松石坠

新石器时代大汶口文化（距今 6300～4600 年）
长 4、宽 1.4 厘米
山东章丘焦家遗址 91 号墓出土
山东大学藏

玉串饰

新石器时代　大汶口文化（距今 6300～4600 年）
四联环长 4.8、绿松石长 3 厘米
山东邹城野店遗址出土
山东博物馆藏

　　1971 年山东邹城野店遗址出土，由青玉、白玉琢制的单环、双环、四联环及绿松石坠等 11 件组成。玉联环造型形似花朵，体现了大汶口文化时期人们的爱美之心。

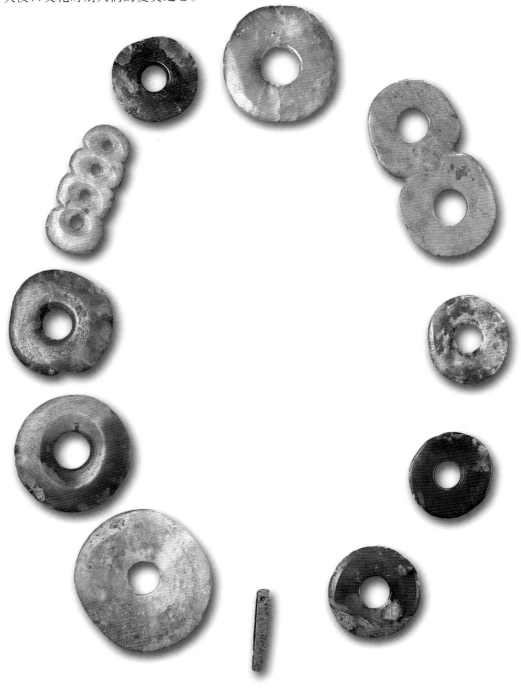

绿松石坠饰、骨串饰

新石器时代　大溪文化（距今 6300～5300 年）
串饰周长 188、绿松石长 2.7、宽 1.05 厘米
湖北宜昌杨家湾遗址出土
湖北省博物馆藏

　　绿松石坠饰长方形，体扁，一端有穿孔。
骨串饰共 1173 粒。

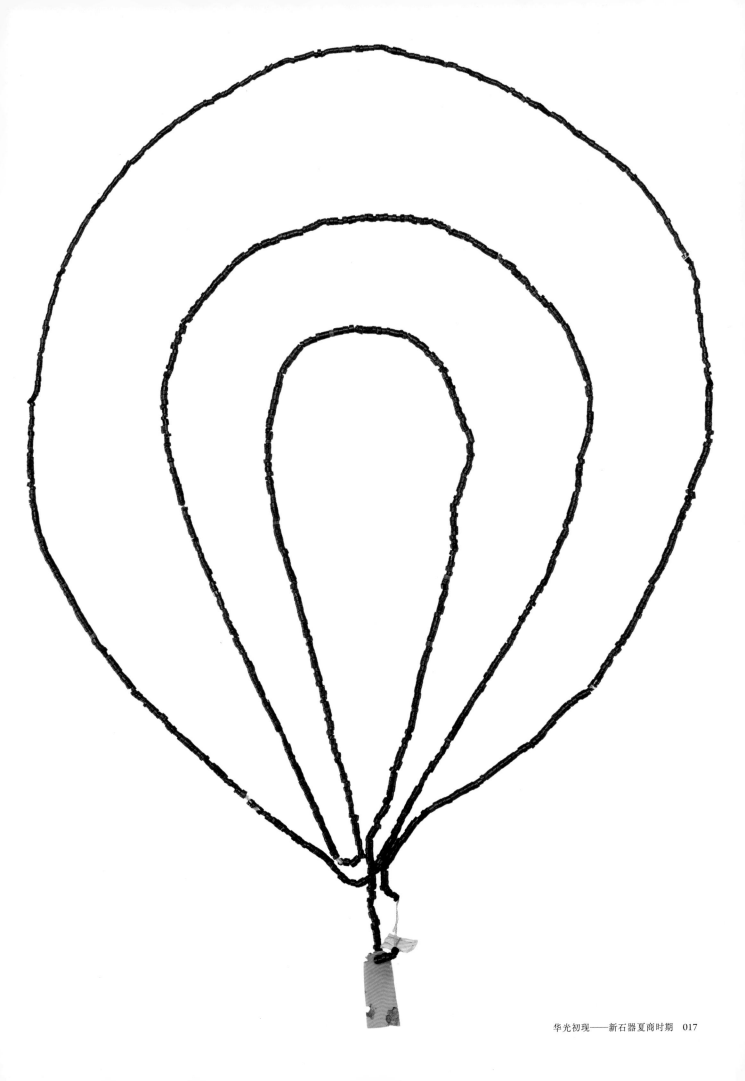

绿松石坠饰

新石器时代 屈家岭文化（距今 5300～4600 年）
长 2、宽 1.7、厚 0.9 厘米
重 5 克
湖北巴东楠木园遗址出土
湖北省博物馆藏

绿松石坠饰

新石器时代 屈家岭文化（距今 5300～4600 年）
长 2.6、宽 2.1、厚 0.2 厘米
重 5 克
湖北巴东楠木园遗址出土
湖北省博物馆藏

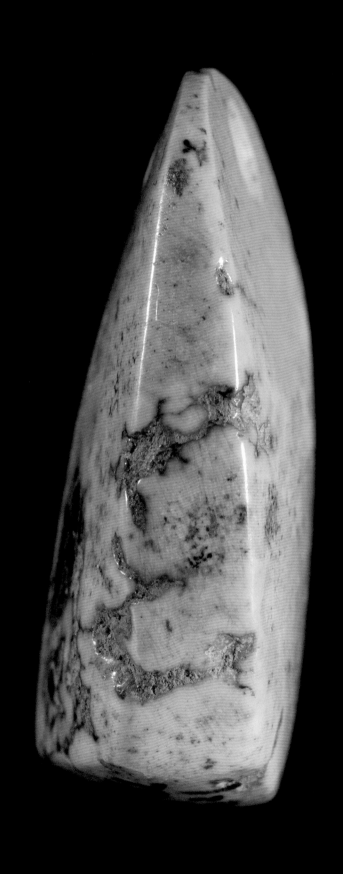

绿松石项链

新石器时代　齐家文化（距今 4200～3800 年）
高 15.9、内直径 7.3、口径 8.6 厘米
甘肃积石山新庄坪出土
甘肃省博物馆藏

黄河上游地区的绿松石器集中出现于马家窑文化时期，尤以青海海东柳湾遗址为代表。出土的绿松石器均是个体很小的管、珠、片，大部分经过了切割、钻孔和打磨，马家窑文化的绿松石制品大量为项饰，主要是由各种管、珠串在一起，多发现于墓主人颈部。大量出土绿松石的柳湾遗址，就是项饰居多而且绿松石多和石珠等混合组成串珠，无固定比例和形状搭配。

绿松石串饰（1组20件）

新石器时代　马家窑文化　半山类型（距今4600～4300年）
青海海东柳湾遗址出土
青海柳湾彩陶博物馆藏

绿松石珠串

新石器时代　马家窑文化　半山类型（距今 4600～4300 年）

串饰通长 41.3 厘米

绿松石串珠（最大）长 6.7、宽 1.98、厚 0.43 厘米

石珠直径 0.55、厚 0.3 厘米

青海海东柳湾遗址出土

青海柳湾彩陶博物馆藏

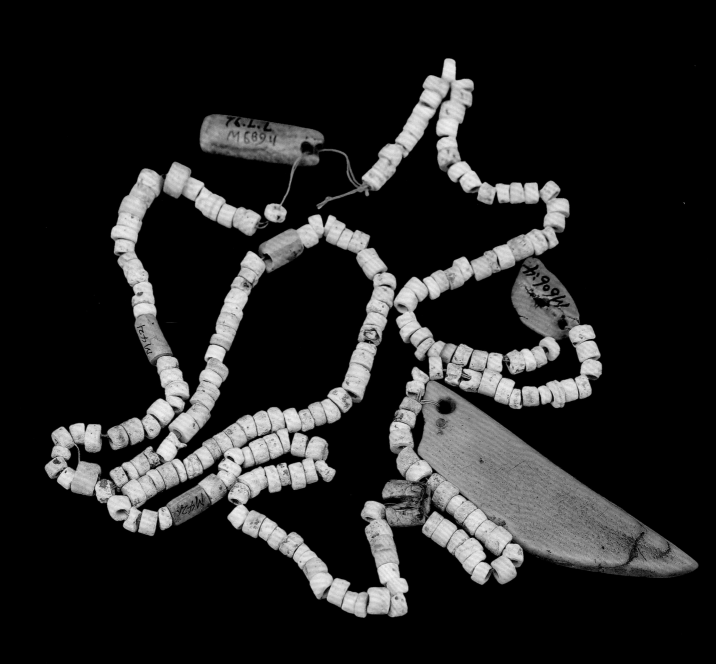

绿松石片（1组75件）

新石器时代　马家窑文化　马厂类型（距今4300～4000年）
青海海东柳湾遗址出土
青海柳湾彩陶博物馆藏

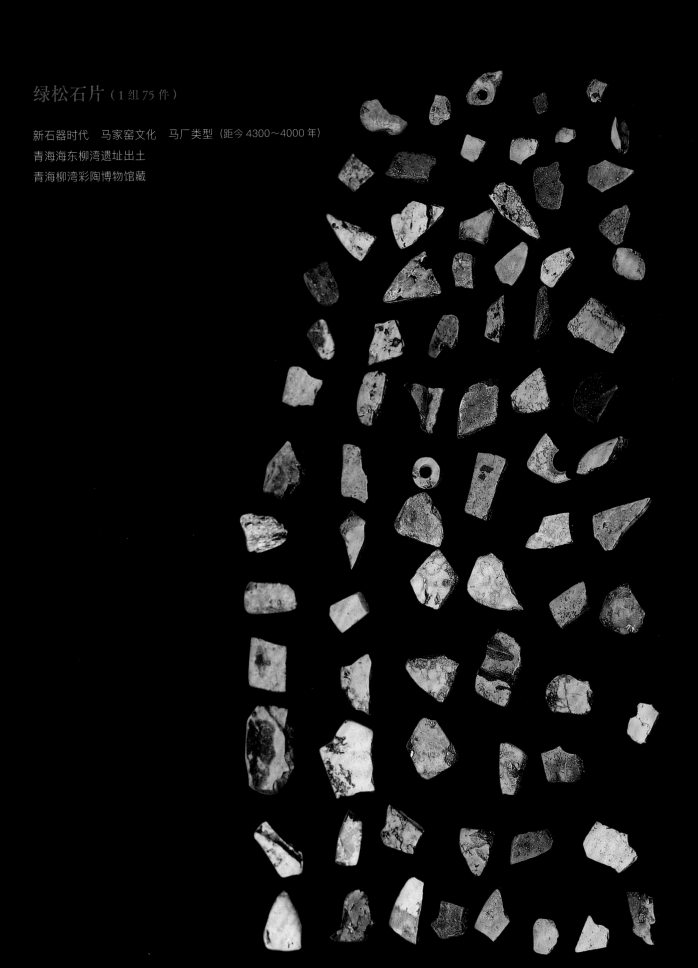

绿松石镶嵌技术的出现

新石器时代晚期，黄河流域开始出现镶嵌技术。在西北地区，绿松石被装饰于骨器与陶器之上。山西下靳遗址，则使用黑色胶粘物镶嵌多片不规则绿松石，而在黄河下游地区，自大汶口文化开始流行骨筒和玉石镶嵌单体绿松石，至龙山时期广泛流行将绿松石镶嵌于玉器之上。此外长江下游地区的良渚文化遗址也发现有绿松石嵌片和绿松石珠，可能镶嵌在当地流行的漆木器上，以漆液作为粘着剂。

嵌绿松石牙指环

新石器时代　大汶口文化（距今 6300～4600 年）
高 1.8、外径 3.7、内径 2.3 厘米
山东泰安大汶口遗址出土
山东博物馆藏

　　镶嵌有绿松石圆饼，与指环结合紧密，体现了高超的单体镶嵌工艺。

绿松石镶嵌片

新石器时代　良渚文化（距今5300～4300年）

直径 0.9、厚 0.12 厘米

浙江余杭反山墓地 21 号墓出土

良渚博物院藏

　　良渚文化绿松石制品，数量较少，器型也小，主要以镶嵌片和管、珠等为主。

绿松石隧孔珠

新石器时代　良渚文化（距今5300～4300年）

直径 0.4～0.5 厘米

浙江余杭反山墓地 21 号墓出土

良渚博物院藏

　　正圆体球形珠，浑圆规矩、光洁细腻，一端有一对隧孔，制作难度较大。

绿松石镶嵌片（1组8件）

新石器时代　良渚文化（距今5300～4300年）

长0.5～1.9厘米

浙江桐乡新地里遗址140号墓出土

浙江省文物考古研究所藏

　　良渚晚期开始出现和使用弧面镶嵌工艺，新地里M140∶5的这组绿松石镶嵌片，共8片，正面略弧凸，抛光精细，背面略凹弧，未经抛光，质料和形制都是良渚晚期镶嵌件玉片的典型代表。

绿松石腕饰

新石器时代　龙山文化晚期（距今 4300～3900 年）
长 11、宽 7 厘米
山西临汾下靳墓地 139 号墓出土
山西省考古研究院藏

　　宽环带状，在黑色胶状物上贴附绿松石碎片，其上等距镶嵌白色石贝。镶嵌所用的绿松石片均呈不规则形，大小不一，绿松石片表面一般都磨光。松石片以下有一层黑色胶状物，至今仍有一定黏度，推测是生漆或其他有机树脂类粘合剂。可能是漆木、皮革一类腕饰上的嵌饰。

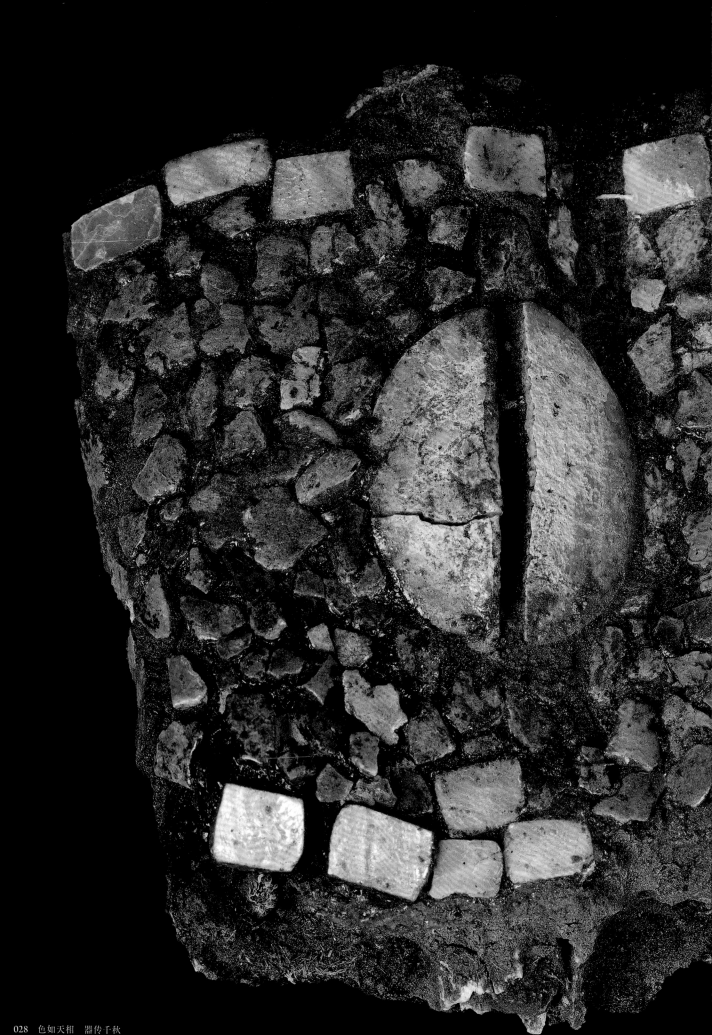

王朝
国玉
The Jade of
a Dynasty

　　二里头时期，绿松石文化走向巅峰，镶嵌技术和松石资源为统治阶级所垄断。出现了精美的嵌松石铜牌饰，绿松石龙形器，绿松石管、珠等绿松石制品，并发现有大型松石作坊，绿松石成为礼仪用品，享有堪比"国玉"的重要地位。商代承袭了这一传统，同时绿松石的种类也更为丰富，与象牙、骨器结合紧密，并将松石镶嵌延伸至青铜兵器、车马器之上。

The culture of turquoise peaked at Erlitou era. The technique of inlay and resource of turquoise were exclusive to the nobles. Delicate bronze plates inlaid with turquoise, dragon-shaped turquoise objects, turquoise pipes and beads were unearthed in archaeological sites. Also, workshops were found at Erlitou site. Used in ritual or ceremony, turquoise objects were considered as the symbolic jade of the dynasty. Shang dynasty carried on this tradition. Meanwhile, increasingly more types of turquoise objects appeared. Turquoise was decorated on ivory and bone ware, as well as bronze weapon and chariot.

王权象征

二里头文化把绿松石镶嵌与青铜制作紧密结合，将绿松石作为国家礼仪用品。二里头文化的绿松石嵌片，工艺复杂，制作难度大。以绿松石龙形器为例，制作一条近70厘米长的绿松石龙，需经层层工序加工2000余片细小而规整的嵌片，最小的嵌片仅1毫米大，耗时至少1400余小时。这种非经济性的装饰品，是王权礼仪的象征。

嵌绿松石铜牌饰

夏（公元前 2070～前 1600 年）
长 16.3、宽 10.8、厚 0.3 厘米
河南偃师二里头遗址出土
二里头夏都遗址博物馆藏

1984 年出土于二里头遗址 11 号墓葬，器身以青铜为主体框架，两侧各有对称环钮，青铜框架上以数百片绿松石拼合镶嵌出兽面纹，绿松石嵌片加工精巧，丝丝入扣，历经数千年毫无松动，是最具二里头文化特色的重器之一。二里头嵌绿松石铜牌饰的发现，将我国成熟的镶嵌工艺的产生时间由春秋战国提前了一两千年。

嵌绿松石铜牌饰

夏（公元前 2070～前 1600 年）
长 13.7、宽 9 厘米
移交
天水博物馆藏

　　长圆形，微束腰，四角外凸有孔，便
于穿系。镶嵌绿松石多已脱落，裸露出青
铜铸造而成的兽面纹底部框架。兽面双目
为"臣"字眼。

在二里头遗址宫城区的作坊区发现有一处绿松石加工作坊，出土绿松石料、细砂土、工具等遗物，其中绿松石料经分析有原料、石核、毛坯、废料、半成品、残破品、成品等，呈现了十分清晰的绿松石器生产加工操作链。绿松石加工作坊在二里头时代仅见于二里头都邑，且管控严格，表明当时绿松石器的生产、分配都由最高统治阶层掌控，绿松石是王权的象征。

绿松石珠

夏（公元前 2070~前 1600 年）
河南偃师二里头遗址出土
中国社会科学院考古研究所二里头工作队藏

　　两端稍平，柱形，中间有钻孔。

绿松石珠

夏（公元前 2070～前 1600 年）

河南偃师二里头遗址出土

中国社会科学院考古研究所二里头工作队藏

绿松石珠

夏（公元前 2070～前 1600 年）

河南偃师二里头遗址出土

中国社会科学院考古研究所二里头工作队藏

绿松石珠

夏（公元前 2070～前 1600 年）
河南偃师二里头遗址出土
中国社会科学院考古研究所二里头工作队藏

　　绿松石半球，球面有环绕的磨痕，底部磨平。

绿松石珠

夏（公元前 2070～前 1600 年）
河南偃师二里头遗址出土
中国社会科学院考古研究所二里头工作队藏

绿松石珠

夏（公元前 2070～前 1600 年）
河南偃师二里头遗址出土
中国社会科学院考古研究所二里头工作队藏

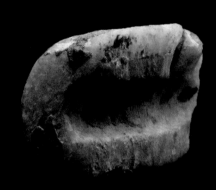

绿松石料（1组20件）

夏（公元前2070～前1600年）
河南偃师二里头遗址出土
中国社会科学院考古研究所二里头工作队藏

南土遗珍

长江中游的盘龙城遗址延续了二里头文化高超的绿松石镶嵌技术，出土了数量众多的绿松石嵌片和绿松石管、珠，仅杨家湾 13 号墓就清理出 200 余片绿松石嵌片，杨家湾 17 号墓绿松石镶金饰件，更是目前我国年代最早的独体一首双身龙形器，是商代先民精神信仰的重要物证。盘龙城遗址的绿松石嵌片均经过细致的加工处理，形状规整，目前仅见于高等级墓葬，应当同样发挥着国家礼仪用器的作用。

绿松石片

商（公元前 1600～前 1046 年）

长 1.8、宽 1.4 厘米

重 1.7 克

湖北武汉盘龙城遗址王家嘴 1 号墓出土

湖北省博物馆藏

绿松石片

商（公元前 1600～前 1046 年）
长 1.2、宽 1.1 厘米
重 0.8 克
湖北武汉盘龙城遗址王家嘴 1 号墓出土
湖北省博物馆藏

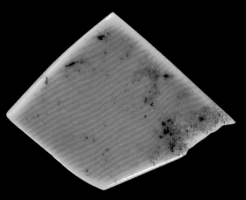

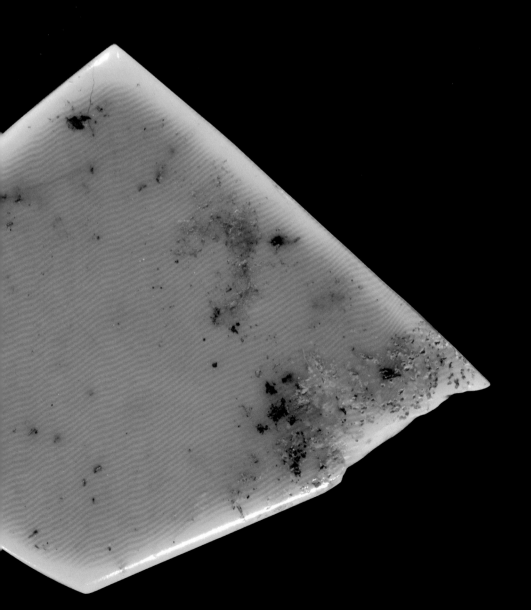

绿松石片

商（公元前 1600～前 1046 年）
直径 1.3 厘米
重 0.5 克
湖北武汉盘龙城遗址杨家湾 11 号墓出土
湖北省博物馆藏

绿松石串饰

商（公元前 1600～前 1046 年）
最大件长 2.5、直径 0.7、孔径 0.3 厘米
总重 34 克
湖北武汉盘龙城遗址楼子湾残墓出土
湖北省博物馆藏

　　由 21 颗管形绿松石组成。圆柱状管中部微鼓，上下端正中有贯通的穿孔。表面打磨光滑。

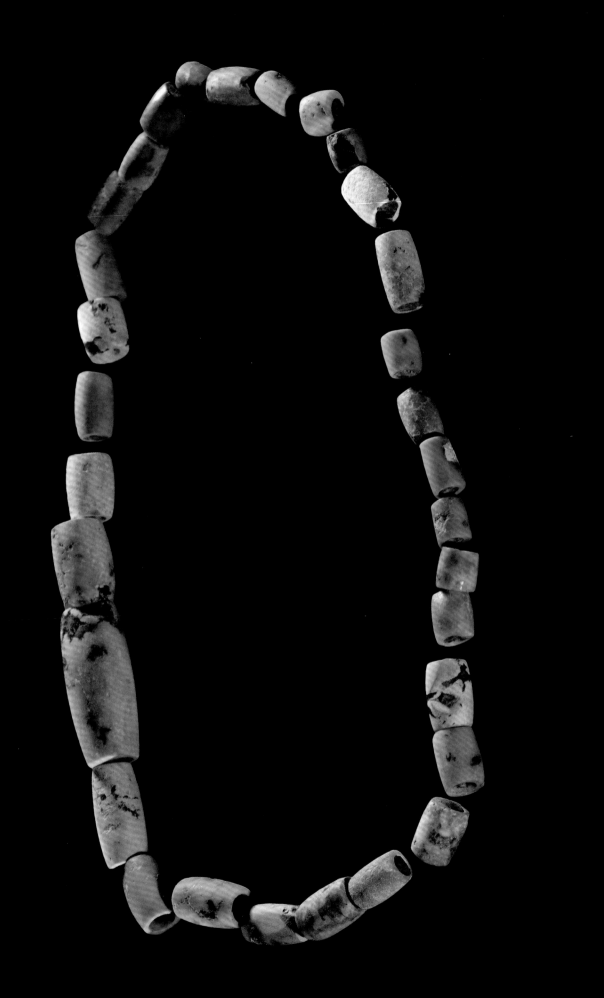

绿松石串饰

商（公元前 1600～前 1046 年）
直径约 9 厘米
湖北武汉盘龙城遗址杨家湾 17 号墓出土
盘龙城遗址博物院藏

绿松石镶金饰件

商（公元前 1600～前 1046 年）
长 36、宽 28、高 15 厘米
湖北武汉盘龙城遗址杨家湾 17 号墓出土
盘龙城遗址博物院藏

　　是目前我国已发现的最早的金玉镶嵌饰件，金片和绿松石片都具有明显人为打磨的痕迹且加工方式相近，二者背后均有胶结材料，可能附着于木器、漆器之上，研究表明这可能是一件祭祀时使用的礼器。绿松石镶金饰件对于研究早期金器和金玉镶嵌工艺具有重要意义。

绿松石镶金饰件

绿松石嵌片（1组2件）

商（公元前 1600～前 1046 年）

1. 长 0.83、宽 0.6 厘米
2. 长 0.87、宽 0.57 厘米

湖北武汉盘龙城遗址李家嘴 3 号墓出土

盘龙城遗址博物院藏

夏商时期的绿松石镶嵌饰物多以兽面形式呈现，李家嘴 3 号墓出土的 2 颗方圆形绿松石片即为兽面的两只眼睛。

绿松石嵌片（1组12件）

商（公元前1600～前1046年）
湖北武汉盘龙城遗址李家嘴2号墓出土
盘龙城遗址博物院藏

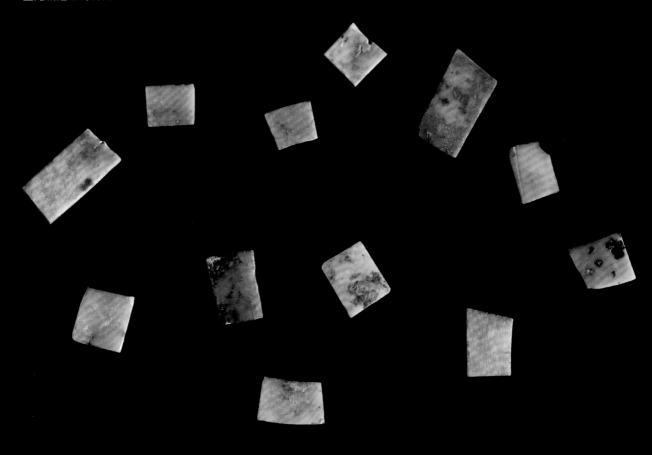

绿松石嵌片（1组8件）

商（公元前1600～前1046年）
湖北武汉盘龙城遗址李家嘴2号墓出土
盘龙城遗址博物院藏

王朝遗韵

殷墟文化时期绿松石仍被视为王权礼器的象征，其资源与加工技术依旧为社会上层所掌控，绿松石镶嵌广泛与象牙器、骨器、玉器，青铜兵器和车马器等礼仪用品相结合，并偶尔见于青铜容器之上，另发现有绿松石的人物或动物雕像。

铜内玉戈

商（公元前 1600～前 1046 年）
通长 25.3、玉戈长 14.4、内宽 4.2 厘米
河南安阳黑河路出土
中国社会科学院考古研究所藏

穿孔长方形内，内上有阑。阑前有方形孔腔，以榫卯的形式嵌入玉质戈援。玉色青灰，分布有褐斑，中脊略微隆起，锋部尖锐。铜内嵌有松石，援后为饕餮纹，内后为夔纹。

绿松石人

商（公元前 1600～前 1046 年）
高 4.8、宽 1.79、厚 0.8 厘米
河南安阳黑河路出土
中国社会科学院考古研究所藏

　　两面浅阳线浮雕侧面人形，作蹲踞状，高冠，大"臣"字眼，闭口，双"C"形耳。

绿松石镶嵌铜钺

商（公元前 1600～前 1046 年）
通长 20.5、刃宽 12、柄长 6.9、柄宽 5、厚 0.8 厘米
重 670 克
河南安阳殷墟花园庄东地亚长墓出土
中国社会科学院考古研究所藏

　　长方形柄略偏于一侧，柄中部偏下有一小圆穿。肩下各有一长条形穿。器身上部两面各有三组由蝉纹和乳钉圆圈构成的三角纹。柄尾上一面以绿松石镶嵌饕餮纹，一面是绿松石镶嵌的"亚长"铭文，铭文两侧是绿松石镶嵌的竖立夔纹。

弓形器

商（公元前 1600～前 1046 年）
通长 36.6、弓身长 21.1、弓身高 3.3、曲臂高 7 厘米
河南安阳殷墟花园庄东地亚长墓出土
中国社会科学院考古研究所藏

　　出土时断为三段，弓身两边用绿松石镶嵌
两条弧线。圆泡内大颗绿松石出土时已脱落，
曲臂凹槽内绿松石大部分也已脱落。曲臂下端
接一圆形铃，其周壁有四条竖向长条形镂孔。
铃内铜丸摇之声清脆。身中部有一周缘凸起、
中空的泡，泡的两边各用绿松石镶嵌出两组竖
向兽面。兽面张口，下颌外撇，方圆眼，卷云
形角。绿松石磨制光滑规整。

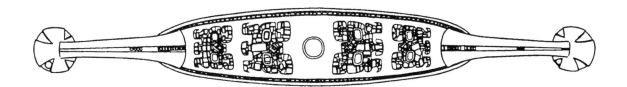

弓形器

商（公元前 1600～前 1046 年）
通长 32.6、弓身长 18.9、弓身高 4、曲臂高 6.9 厘米
河南安阳殷墟花园庄东地亚长墓出土
中国社会科学院考古研究所藏

　　弓形器，整体形似一张弓，因而得名，殷商
时期常见的车马器之一，推测为驾驭马车时驭车
者固定在腹部的挂缰工具。这件弓形器，弓身两
边有两条凹槽，两端饰有蝉纹，其上所嵌松石均
已脱落。中部圆泡嵌有大块绿松石，圆泡两侧用
绿松石镶嵌铭文"亚长"二字。

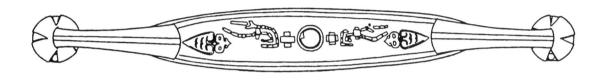

嵌绿松石青铜戈

商（公元前 1600～前 1046 年）
通长 20.3、通宽 11.4、锋长 17.7 厘米
山东济南大辛庄遗址 163 号墓出土
山东大学藏

　　兵器。长三角形援。上刃斜弧，下刃
较平直，中脊隆起，援本一圆形穿，阑侧
两长方形穿。长方形扁平内，内上一穿。
内部以绿松石镶嵌出兽面形象。

嵌松石骨鸡

商（公元前 1600～前 1046 年）
通高 6.5、长 5.6、宽 3.7 厘米
征集
湖北省博物馆藏

古蜀文化中的绿松石

中原系统以外的三星堆遗址、金沙遗址也发现有相当数量的绿松石器。在金沙遗址的核心祭祀区，出土有大量绿松石，除绿松石管、珠外，还有漆木器上绿松石片玉片组合、镶嵌绿松石铜虎等。金沙遗址所见绿松石制品，被认为是古蜀先民祭祀行为的表达，不同于同时期殷商流行的绿松石器，古蜀文化中的绿松石呈现出与二里头文化更为紧密的联系。

商周绿松石珠

晚商至西周
直径 0.43～0.8、孔径 0.25、高 2.2 厘米
四川成都金沙遗址出土
成都金沙遗址博物馆藏

　　中部略鼓，扁筒状。对穿孔，侧面亦有一圆形钻孔，表面磨光。

商周绿松石珠

晚商至西周
直径 1.3～1.5、孔径 0.5～0.7、高 1.9 厘米
四川成都金沙遗址出土
成都金沙遗址博物馆藏

　　灰绿玉色，表面无光泽。喇叭形管状，有切割痕迹，孔对钻。

商周绿松石珠

晚商至西周
直径 0.9～1.1、孔径 0.3～0.4、高 1.95 厘米
四川成都金沙遗址出土
成都金沙遗址博物馆藏

中部略鼓，管状，对穿孔，表面磨光。

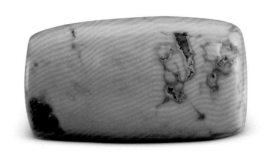

商周绿松石玉璧

晚商至西周
直径 2、孔径 0.2、厚 0.3 厘米
四川成都金沙遗址出土
成都金沙遗址博物馆藏

环面宽，孔径小。环面上有管钻痕
迹，轮边修磨不规整。

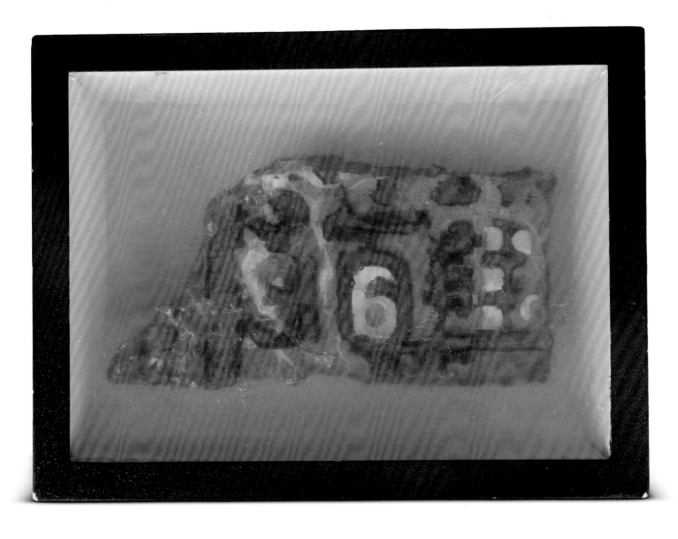

嵌玉片漆木器

晚商至西周
外匣长 20、宽 15 厘米
四川成都金沙遗址出土
成都金沙遗址博物馆藏

　　出土于金沙遗址祭祀区 11 号祭祀坑，木胎腐朽，仅残存漆痕。从残存情况来看，这件嵌玉片漆木器表面刻画兽面纹，采用几十片白色玉片和绿松石镶嵌其间，最后以朱砂调漆勾勒轮廓，是古蜀漆器和镶嵌工艺的杰出代表。

绿松石珠

晚商至西周
直径 15 厘米
四川成都金沙遗址出土
成都金沙遗址博物馆藏

　　有 29 颗绿松石珠，上下端正中有贯通的穿孔。

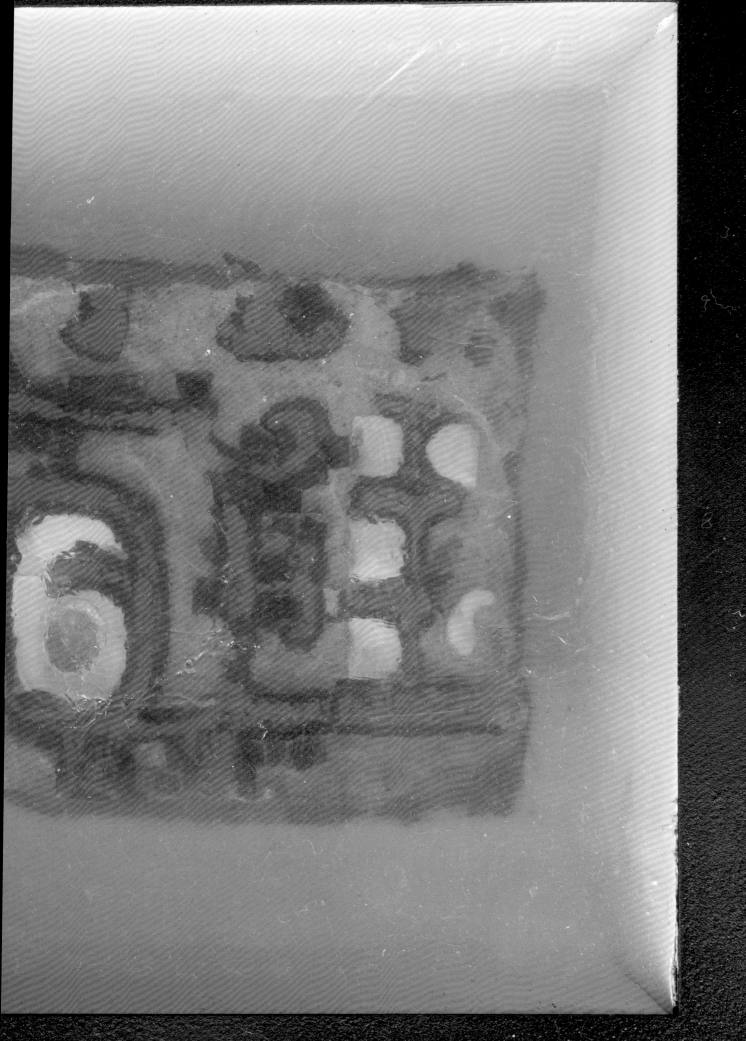

流金耀世
——两周秦汉时期

　　西周分封，东周争霸，各国王侯竞相奢华。绿松石文化再现辉煌，绿松石器发现数量有增无减，黄河流域继承了新石器时代以来喜用绿松石的传统，虢国、应国、晋国等众多大墓均有随葬；富庶荆楚、尚金草原、礼仪齐鲁，同将绿松石视为装点富丽的珍宝。秦汉一统，绿松石装饰工艺日臻精湛。自汉武帝开通西域，东西方交流更加频繁，绿松石文化也呈现交融的特点。

Dazzling in History
From Zhou to Han Dynasty

The Western Zhou dynasty started with feudalism. The hierarchy and feudalism broke down in the Eastern Zhou dynasty, and vassal states competed for supremacy in terms of power and extravagancy. Turquoise culture regained brilliance. Huge amount of turquoise objects was found in this era. Turquoise was popular in the Yellow River Basin since Neolithic period. Turquoise served as burial goods in vassal states of Guo, Ying and Jin aristocracy tombs. The wealthy Chu in the south, nomadic grasslands in the north, as well as Qi and Lu vassal states in the east were all fond of decorative turquoise. When it came to the united dynasties, Qin-Han period, the decorative technique developed. And after the exploration of Zhang Qian, the use of turquoise diversified, reflecting the communication of regions.

环佩
玎珰 Worn as
Jewelries

两周秦汉时期人们对绿松石热情依旧，但受限于原料薄而细小的特点，作为装饰品的绿松石器，类型并无太大变化。西周时期，大批量绿松石串饰开始出现，是当时绿松石文化的显著特点之一。

The Zhou dynasty and Qin-Han period still shared the popularity of turquoise objects. The design and type were less differed from the past due to the fragility character of turquoise. A large amount of turquoise beads showed up in Western Zhou dynasty sites, being a significant feature of that time.

组玉佩与两周礼仪等级制度

组玉佩是由多件玉饰穿缀成组的玉器，常用玉璜、玉珩、玉璧、珠、管、坠等穿联，是两周礼仪等级制度的重要代表。《礼记·玉藻》记载："古之君子必佩玉，右徵角，左宫羽……进则揖之，退则扬之，然后玉锵鸣也，故君子在车则闻鸾和之声，行则鸣佩玉，是以非辟之心，无自入也。""行步则有环佩之声"，在获得视觉审美效果的同时，玉佩之间轻轻撞击发出悦耳的声响，佩玉者的步伐与组佩的摆动和谐，表现出雍容的仪态和从容的风度。春秋战国时期礼制崩坏，西周礼仪等级制度被打破，佩戴组玉佩不再是贵族的特权。

组玉佩常为玉石相间，玉佩用玉，玉佩间以管、珠等装饰物。绿松石是其中常用的宝石，以其天空般夺目的色彩成为玉串饰的重要点缀。

玉鱼联珠串饰

西周（公元前 1046～前 771 年）
玉鱼长 7.2 厘米
山西曲沃晋侯墓地 102 号墓出土
山西省考古研究院藏

由绿松石、玛瑙和白玉鱼形佩穿缀而成。鱼身纹饰表现出鱼眼、鱼鳞、鱼鳍，首尾有穿孔。

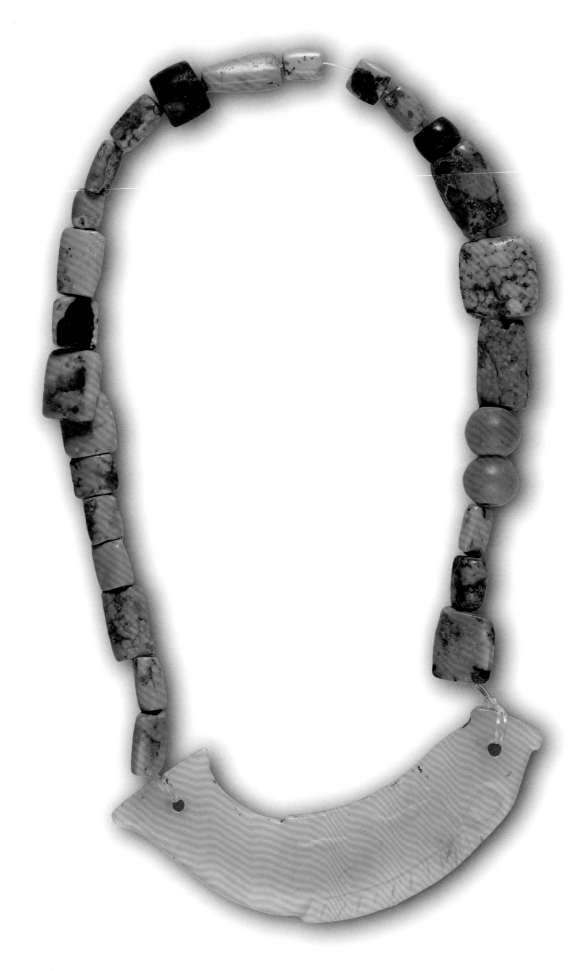

玉鱼联珠串饰

西周（公元前 1046～前 771 年）
玉鱼长 8 厘米
山西曲沃晋侯墓地 102 号墓出土
山西省考古研究院藏

腕饰

两周（公元前 1046～前 221 年）
串饰直径 9.2 厘米
串珠（最大）边长 2.8、厚 0.6 厘米
串珠（最小）直径 0.5、厚 0.2 厘米
陕西韩城梁带村芮国遗址出土
陕西省考古研究院藏

　　由玛瑙、绿松石、料珠和玉蚕、玉
贝、椭方形玉饰、龟背形玉饰穿缀而成，
可叠穿为两层。玉饰上有阴刻纹饰。

水晶串玉珠项饰

春秋（公元前 770～前 476 年）
串珠（最大）外径 2.5 厘米
串珠（最小）外径 0.3 厘米
河南洛阳中州路出土
洛阳博物馆藏

水晶串玉珠项饰

单佩联珠组合玉项饰

西周（公元前 1046～前 771 年）
周长 41 厘米
河南平顶山应国墓地 231 号墓出土
平顶山博物馆藏

　　由 1 件璧形玉佩、1 枚卷云纹方玉管、
2 枚解石管、12 枚红玛瑙管、10 颗绿松石珠
相间穿联组合而成。绝大多数管、珠为两
端对钻，个别为一端施钻。

二璜联珠组合玉佩

西周（公元前 1046～前 771 年）
周长约 42、宽 20 厘米
重 181.7 克
河南平顶山应国墓地 231 号墓出土
河南省文物考古研究院藏

　　为 1 组 63 颗的二璜联珠组合玉佩。
此组佩中玉璜分别作戈形和鱼形。整组玉
佩以位于项部下方的璧形玉佩为总纲，以
胸前的 2 件作上下排列的异形玉璜为主
体，两侧配以大量的左右相互对称的红玛
瑙管、青白玉管与绿松石珠。内、外圈左
右两侧的串珠（管）质地、色泽、大小、
形状、长度，均基本相同且相互对称。

十列串珠组合玛瑙佩

西周（公元前 1046～前 771 年）
穿联复原长度 21、十列串珠并列宽度 10、
下部张开宽度 16～18 厘米
河南平顶山应国墓地 231 号墓出土
河南省文物考古研究院藏

　　由 20 颗绿松石扁珠、125 颗红玛瑙珠
与 6 颗鼓腹形蓝色料珠相间穿联成一扇面
形。出土时位于墓主人胸部左侧，其中 6
颗料珠已粉碎，后采用其他材料复制并完
整穿联复原。

嵌松石卧马纹金项饰

战国（公元前 475～前 221 年）
长 17.7、宽 8、厚 0.5 厘米
重 191 克
征集
鄂尔多斯市博物院藏

　　璜形。两端有圆孔，外侧镂雕一周卧马，马眼、身、嘴、肩、臀、蹄、尾部有圆形镂空，镂空内镶绿松石。虽所镶嵌绿松石大部分脱落，但整体造型异常精致和生动，充分反映出当时的匠心独运。

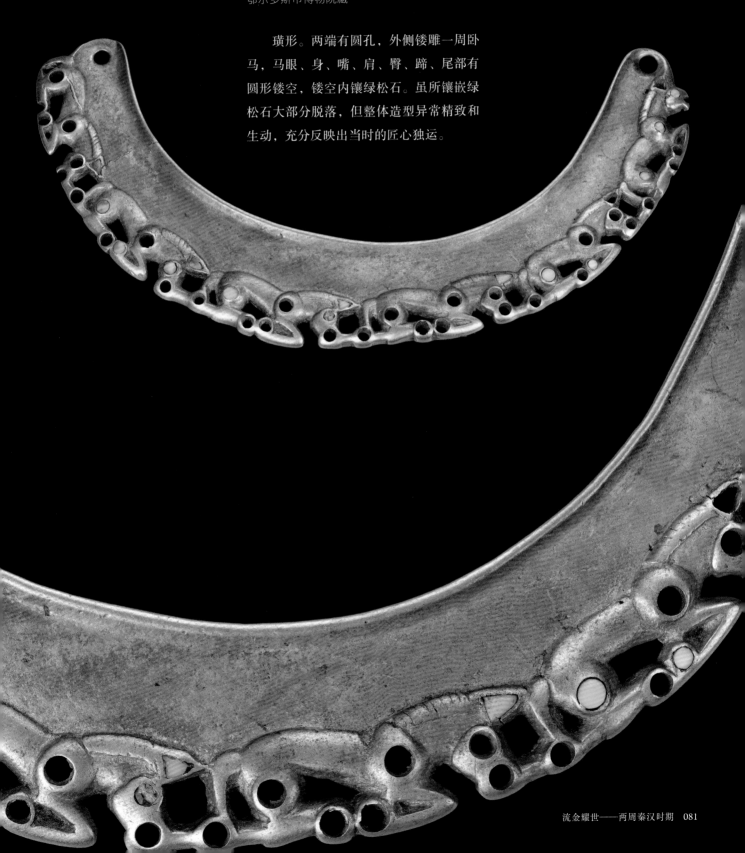

金项圈

战国（公元前 475～前 221 年）
长 18.5、宽 4.4、厚 0.3 厘米
重 66 克
征集
鄂尔多斯市博物院藏

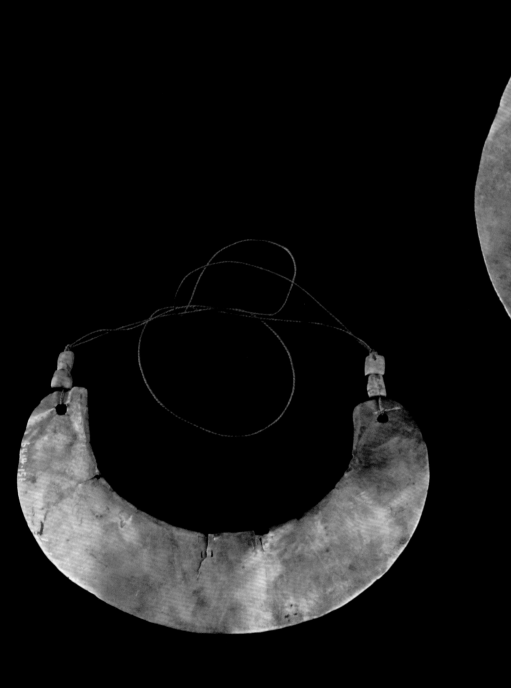

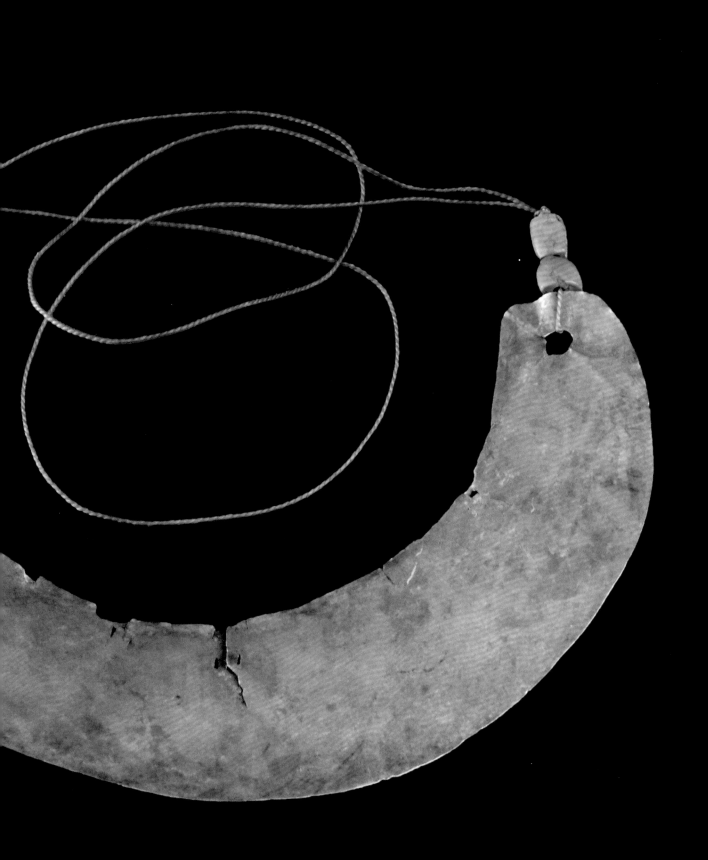

宝嵌
青铜

Inlaid into Bronzes

经过西周短暂的沉寂，春秋时期，绿松石重新与青铜器广泛结合，于战国时期达到高潮，直至西汉。广泛镶嵌于兵器、容器、车马器、铜镜、带钩之上，并与错金银、鎏金等装饰手法相结合，制作出大量精美的嵌绿松石铜器。

After a brief absence in Western Zhou dynasty, bronzes decorated with turquoise regained their popularity in Spring and Autumn period, then peaked at Warring States period and even spanned to the Western Han dynasty. Inlaid into bronze weapons, vessels, chariots, mirrors, hooks, turquoise crafts also combined with gilding or inlaid with gold and silver. Bronzes with turquoise were marveling at that time.

绿松石的镶嵌天赋

绿松石原石多生长在沙石固化的石缝之间，罕见大型原石，薄而小的自然特性决定了它与生俱来适于镶嵌。在铸造青铜器时预先制出嵌槽，将绿松石磨制成合适的大小和形状，使用树胶、动物胶、漆或沥青等为粘合剂，粘于嵌槽内，最后打磨平滑。镶嵌工艺使得绿松石可以与其他材质相结合，表达出单一材质无法达到的色彩搭配与精彩构图。另一种绿色美石——孔雀石也被用于铜器镶嵌，区别于绿松石，其常有纹带，呈丝绢光泽或玻璃光泽，似透明至不透明，时有与绿松石共用的情况。

镶绿松石铜豆

战国（公元前 475～前 221 年）
通高 26.4、口径 20.6 厘米
湖北随州擂鼓墩曾侯乙墓出土
湖北省博物馆藏

直口，方唇，短颈，深腹，柄较短，喇叭形圈座，腹部有两蛇形环耳。盖隆起，盖面竖四个对称的兽形环钮，盖缘有三个兽面衔扣。全器满饰纹饰，盖面饰联凤纹与鸟首龙纹两重纹饰，豆盘亦饰鸟首龙纹，豆柄及圈座饰变形蟠龙纹，所有纹饰均镶嵌绿松石，墨碧相映，精美非凡。盖内及腹内壁有"曾侯乙作持用终"铭文。

铜匕

战国（公元前 475～前 221 年）
通长 45.8、宽 9.2 厘米
湖北随州擂鼓墩曾侯乙墓出土
湖北省博物馆藏

　　出土时置于一件束腰大平底鼎内，形
体较大，勺头呈长椭形，柄部扁平，微弧
拱。柄正面有铭文"曾侯乙作持用终"。
柄后段有镂孔几何纹饰。铭文两侧和镂孔
花纹上均镶嵌绿松石，多已脱落。

越王鹿郢（"者旨於赐"）铜剑

战国（公元前 475～前 221 年）
通长 65、身长 54、身宽 4.6、茎长 9.5 厘米
格宽 5、格长 1.2 厘米
湖北荆州雨台乡官坪村 9 号墓出土
荆州博物馆藏

　　圆首，首内铸有七道同心圆，圆柱形实心剑茎，上有两道椭圆箍，箍面上有 4 道凸棱，靠首端用木料包夹呈圆形，茎的其他部位均用丝绳裹缠至填平箍间。宽格，格正反两面各铸鸟虫书铭文四字，分别为"戉王戉王""者旨於赐"。文字间隙用绿松石镶嵌填平。剑身颀长，近锋处收狭，弧形双刃，中部起脊，两从斜弧。越王者旨於赐是越王勾践之子鼫与。

格嵌绿松石铜剑

战国（公元前 475～前 221 年）
通长 54.4、身宽 4.6 厘米
湖北荆州江陵藤店 1 号墓出土
荆州博物馆藏

玉环首铜削刀

战国（公元前 475～前 221 年）
通长 25、环首径 3.8 厘米
湖北荆州天星观 2 号墓出土
荆州博物馆藏

　　削刀是制作竹简或是雕刻字的工具，被称为"书刀"。该器物刀身与刀柄呈弧形外凸，刃部内凹，柄末端装椭圆形玉环首，并镶嵌绿松石。玉环首主要饰"S"形卷云纹、"C"形卷云纹和不对称卷云纹，兼以各种形状的网纹。

嵌绿松石菱形四瓣花纹镜

战国（公元前 475～前 221 年）
直径 10、边厚 0.4、钮高 0.3 厘米
征集
湖北省博物馆藏

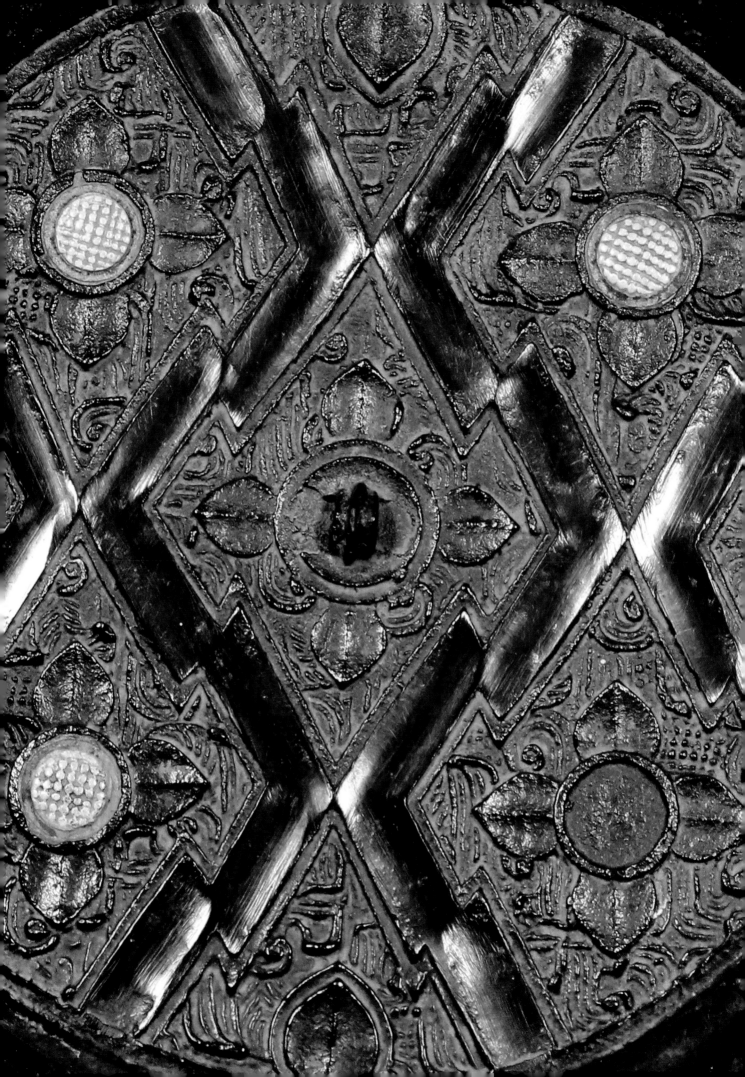

错绿松石铜盖豆

战国（公元前 475～前 221 年）
通高 27.5、盘径 18.5、盘深 6 厘米
山东济南长清岗辛战国墓出土
山东省文物考古研究院藏

  豆盘呈半球状，喇叭状圈足，覆钵形
盖。通体饰几何勾连云纹。豆腹及盖身纹
饰由黄铜丝与绿松石镶嵌而成，盖顶和圈
足则镶嵌孔雀石，两种绿色宝石共同镶嵌
于同一器物之上，说明古人已能清晰认识
二者。

错绿松石铜盖豆

铜泡（嵌孔雀石）

春秋（公元前 770～前 476 年）
直径 7.5、高 2.7 厘米
河南淅川下寺 2 号楚墓出土
河南省文物考古研究院藏

　　圆形，正面稍鼓，透雕四组兽面纹，
各组纹饰间均镶嵌一孔雀石圆片，其中一
枚已脱落，顶面正中镶嵌一孔雀石圆片。
底部有 5 个长方形卡头，便于安装在木质
构件上。

铜泡（嵌孔雀石）

春秋（公元前 770～前 476 年）

直径 6、高 2.5 厘米

河南淅川下寺 2 号楚墓出土

河南省文物考古研究院藏

错金银的神秘美感

《诗经·小雅》载："他山之石，可以为错。""错"即"磨错"之意，错金银工艺是春秋时期发展出的一种金属表面装饰工艺。制作过程大体分铸器、镶嵌、磨错三个步骤，先在母范上预刻凸纹，铸造成器，较为精细的纹饰、铭文或直接錾刻于器表，然后嵌入预先锻好的金银片、金银丝，通过捶打使其紧密贴合，用错石磨错齐平，最后用皮革、织物抛光至浑然一体，器上常复合镶嵌绿松石、玛瑙等美石。复合错金银镶嵌工艺令铜器装饰愈发绚丽华美，强烈的色彩对比使器物熠熠生辉。

铜鉴缶

战国（公元前 475～前 221 年）
通高 27.5、口径 45.9、腹径 45 厘米
圈足径 26.3、足高 2.5 厘米
湖北随州文峰塔墓地 18 号墓出土
随州市博物馆藏

由鉴、缶两件器物组成。圆形鉴身外附有四个"S"状龙形爬兽。鉴口加盖，盖上附两个铺首衔环盖上饰镂空龙纹。鉴内正中置缶，缶有盖，盖顶中央有一由五个螭形短柱支撑的圆形捉手。鉴盖与鉴内口径等大，盖面饰透雕的蟠螭纹。鉴和缶器身满布错金三角勾连云纹，并镶嵌绿松石。

铜剑

战国（公元前 475～前 221 年）
剑长 61、柄长 10、腊宽 5 厘米
安徽六安白鹭洲 585 号战国楚墓出土
安徽省文物考古研究所藏

　　出土时有漆木剑匣，铜剑完好地置于剑鞘之中。剑格错金并镶嵌绿松石，剑柄缠绕麻线，用料讲究，做工相当精美。该墓出土了相当数量的兵器，其墓主可能为一名战国时期楚国的高级将领。

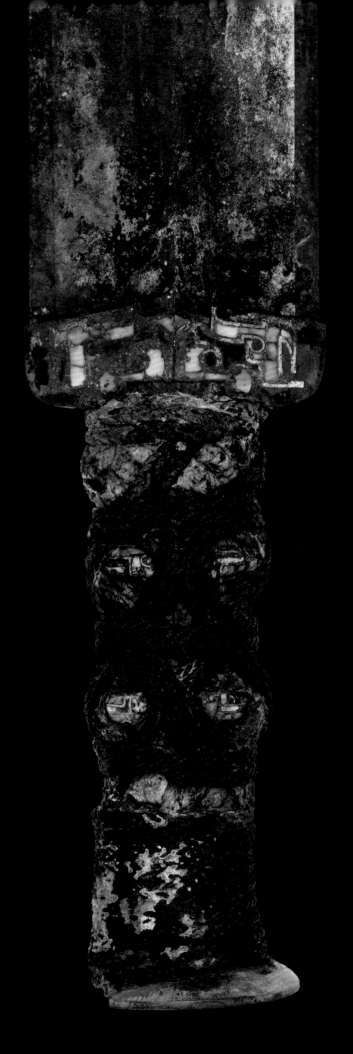

带钩是古代束带用具，其结构一般可分为钩首、钩钮和钩体三部分。钮在背后，固定于革带之上。战国秦汉时期，贵族所用带钩常见有绿松石镶嵌。

错金银嵌绿松石铜带钩

战国（公元前 475～前 221 年）
长 18.5 厘米
征集
河北博物院藏

镶绿松石铜带钩

战国（公元前 475～前 221 年）
长 9.4、宽 1.9 厘米
殷屏香捐赠
湖北省博物馆藏

镶嵌绿松石错金铜带钩

秦（公元前 221 年～前 207 年）
长 21.8 厘米
湖北荆州江陵凤凰山 70 号墓出土
荆州博物馆藏

　　器身细长，圆腹，钩首作马首形，钩尾作龙首形，器身均饰三角云纹，错金并镶嵌绿松石，背部中间有一圆形钮。

鎏金镶绿松石铜环

西汉（公元前 202～公元 8 年）

外径 5.2、厚 0.5 厘米

山东曲阜九龙山汉墓出土

山东博物馆藏

　　出土于车马室内，为马饰。铜环以错
金装饰，并镶嵌玛瑙和绿松石数颗。

嵌绿松石玛瑙银饰

西汉（公元前 202~公元 8 年）
通宽 6.72，厚 2.71 厘米
山东曲阜九龙山汉墓出土
山东省文物考古研究院藏

　　为一银质马饰，由三个旋转组合的
兽首构成璇玑状。银饰正中镶嵌一颗红玛
瑙，兽牙及面部镶嵌玛瑙，兽耳各镶嵌一
颗绿松石。

镶绿松石铜承弓器

西汉（公元前 202～公元 8 年）

长 13.8 厘米

河北满城中山王刘胜墓出土

河北博物院藏

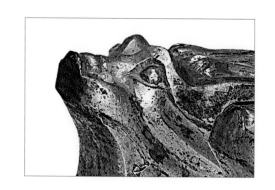

　　箭身作龙首状，龙口大张，口内吐出长颈高昂的兽首，通体鎏金，龙首及兽首均用绿松石与玛瑙镶嵌点缀，造型纤长秀丽。

错金银嵌宝石铜筑枘（1组2件）

西汉（公元前 202～公元 8 年）
高 2.4、直径 5.3 厘米
河北满城中山王刘胜墓出土
河北博物院藏

　　此件筑枘正面及周圈错金银并镶嵌松
石、玛瑙，漆木质筑身已无存。铜枘是古
代乐器瑟、筑上用来系弦的器件。满城汉
墓共出铜枘 11 件，其中成对的 8 件，单
枘 3 件，推测成对出土的应为瑟枘，单件
的为筑枘。

仪仗顶饰

西汉（公元前 202～公元 8 年）
残高 6.1、冒径 5.9 厘米
河北满城中山王刘胜墓出土
河北博物院藏

　　冒顶部作球面形，上饰浮雕式的熊，
熊首和四肢清晰。整体鎏金，并镶嵌绿松
石和玛瑙。在熊的头顶至下肢间贯一铜
辖。圆形銮残断。

金碧 相辉 Shining on Gold

　　游牧民族对于宝石的偏爱由来已久。斯基泰文化与匈奴文化遗存中都有镶嵌宝石的金器，而绿松石则是整个欧亚北方大陆最常用的装饰宝石之一，蓝绿色与金色的搭配深得游牧民族的青睐。这种审美偏好也影响了战国秦汉时期北方地区的绿松石器风格。汉代丝绸之路开通，大量镶嵌彩色宝石的西方装饰艺术开始影响中国传统珠宝文化。

　　Nomads have a traditional favor of gemstones. In Scythian culture and Xiongnu culture there were gold plates inlaid with gemstones. Turquoise was the most widely used accessory gemstone in the north Eurasia. The nomads especially loved the blue to green shades of turquoise being with gold. This preference also influenced northern China turquoise objects from the Warring States period to Han dynasty. In Han dynasty, the ancient Silk Road was opened up. The western decorative style--multiple gemstones inlay, started to exert influence on the traditional Chinese turquoise culture.

草原习俗与汉室奢华

北方游牧民族历来青睐金器，以金饰身更是北方草原地区的特色习俗，在金器上镶嵌绿松石则是其惯用的装饰。东周时期，长城以南地区及中原与生活于长城沿线的草原游牧民族交流碰撞频繁，受其影响，对金器的喜好和审美日渐提升。汉代已成为著名的多金王朝，大量黄金被用于赏赐、馈赠、祭祀、贸易等活动，为历朝历代所罕见。中原与北方草原文化的交融在金器上得到了生动的反映。

熊羊纹嵌松石金饰件

战国（公元前 475～前 221 年）
长 4.6、宽 3.6 厘米
河北易县燕下都辛庄头遗址 30 号墓出土
河北省文物考古研究院藏

　　平面略呈椭圆形，正中为熊首纹样，左右两侧各饰一长角羊纹。熊的眼、眉、须、口及羊的眼、耳均镶嵌绿松石，有的已脱落。背面有一桥形鼻，并有计重铭文。

熊羊纹嵌松石金饰件

战国（公元前 475～前 221 年）
长 4.7、宽 3.6 厘米
河北易县燕下都辛庄头遗址 30 号墓出土
河北省文物考古研究院藏

嵌宝石虎鸟纹金牌饰

战国（公元前 475～前 221 年）

长 4.7、宽 3.1 厘米

内蒙古鄂尔多斯杭锦旗阿鲁柴登墓地出土

内蒙古博物院藏

  用模铸及镶嵌工艺制成。牌饰上半部分为多组鸟纹，下半部为卧虎形象，虎目圆睁，张口露齿，尖爪蜷缩。虎身镶嵌松石及红宝石。背部两端各饰一拱形钮。此类鸟纹虎身的怪兽纹饰，是匈奴牌饰中常见的纹饰种类。

嵌绿松石金泡饰（1组2件）

战国（公元前 475～前 221 年）
直径 5.1、厚 1.5 厘米
内蒙古鄂尔多斯地区出土
鄂尔多斯市博物院藏

嵌绿松石金饰牌（1组2件）

战国（公元前 475～前 221 年）

长 3.1、宽 2.3 厘米

分别重 16 克、15 克

内蒙古鄂尔多斯地区出土

鄂尔多斯市博物院藏

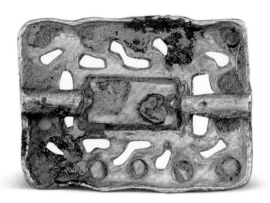

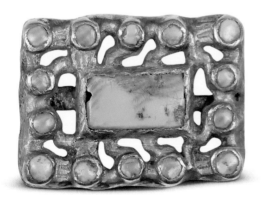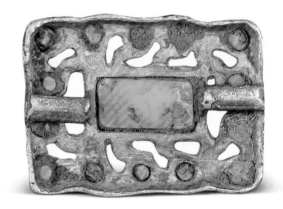

嵌绿松石鸟形金带扣

战国（公元前 475～前 221 年）
长 3.6、宽 2.2、高 1.3 厘米
重 19 克
内蒙古鄂尔多斯地区出土
鄂尔多斯市博物院藏

　　一侧有方形钮，扣钮相对的一侧为向
外突出扣环的扣舌，扣环四角、扣舌、扣
钮两上角、环与钮之间都镶嵌绿松石，其
中一块脱落。带扣整体为一鸟形，扣舌为
鸟首。

圆锥体弹簧式金耳坠（1对）

战国（公元前 475～前 221 年）
最长 7.5、最短 6.2 厘米
重 13.3 克
内蒙古鄂尔多斯准格尔旗西沟畔墓地出土
鄂尔多斯市博物院藏

串玉石金耳坠（1对）

战国（公元前 475～前 221 年）
最长长 9、宽 2 厘米
最短长 7、宽 2 厘米
重 23.3 克
内蒙古鄂尔多斯地区出土
鄂尔多斯市博物院藏

　　耳坠由环环套接的金环及穿宝石的串
坠组成。一只最上部为金质耳钩，其下为
锥体和球体绿松石、红玛瑙串珠，串珠间
夹有齿形边缘的圆金片，串珠下连接四个
大小不等的金环，最下部为一个圆柱体金
饰坠。另一只金质耳钩下为锥体绿松石、
红玛瑙串珠，黄金坠饰和金环，串珠间
夹有齿形边缘的圆金片。

金银细工与绿松石镶嵌

随着丝绸之路的开通，东西方之间的贸易、文化交流更加频繁，西方的掐丝、焊缀金珠等金器制造工艺也逐渐被汉地工匠所掌握，并日臻成熟。其中以金银花丝镶嵌工艺为代表，将金银片和金银丝做成镶托或嵌槽，再镶以宝石。绿松石因其明丽夺目、翠如青天，与黄金色彩对比强烈，可产生独特的艺术效果，成为金器镶嵌工艺中最为常见的宝石。

鸳鸯金带钩

春秋（公元前 770～前 476 年）
通高 1.5 厘米
陕西宝鸡益门堡 2 号墓出土
宝鸡市考古研究所藏

鸳鸯作回首状，身体扁平略呈梯形，尾部末端开口，腹中空，有一小柱立于底部方孔中间。扁长喙有一脊棱，左右有相对的阴线 "S" 形纹。圆首，冠、耳、眼等处原应镶嵌绿松石，现部分已脱落。背部与底部以细珠纹衬地。背部饰双蟠螭纹相交，螭首分别在尾部两端，螭目曾以宝石镶嵌，身部亦有多处镶嵌，均已脱落无存。底部纹饰与背部基本相同，略有变化。

鸳鸯金带钩

春秋（公元前 770～前 476 年）
通高 1.5 厘米
陕西宝鸡益门堡 2 号墓出土
宝鸡市考古研究所藏

　　鸳鸯作回首状，圆首扁喙，身体近椭
圆，尾部张开呈扇形。底部孔中立有一小
柱。喙正中有一脊棱，冠、耳、眼等处镶
嵌绿松石，部分已脱落。身体以细珠纹衬
地，浅浮雕出翅膀与背部羽毛层次，并阴
线刻划出羽毛纹理，造型精美生动。

兽面金方泡

春秋（公元前 770～前 476 年）
通长 3.9、通宽 2.9、厚 0.1 厘米
陕西宝鸡益门堡 2 号墓出土
宝鸡市考古研究所藏

兽面金方泡

春秋（公元前 770～前 476 年）

通长 3.9、通宽 3.3、厚 0.1 厘米

陕西宝鸡益门堡 2 号墓出土

宝鸡市考古研究所藏

兽面金方泡

春秋（公元前 770～前 476 年）

通长 3.8、通宽 3.05、厚 0.1 厘米

陕西宝鸡益门堡 2 号墓出土

宝鸡市考古研究所藏

　　正面由蟠螭纹组成一兽面，蟠螭的眼均为透雕圆孔，内镶嵌绿松石珠。兽面双目也为透雕并镶嵌绿松石。窄端中部有一突出小三角形兽首，鼻、目由阴线刻出。泡背部附加一铁质横梁。

金柄铁剑

春秋（公元前 770～前 476 年）
通长 37.8、身长 25、柄长 12.8 厘米
陕西宝鸡益门堡 2 号墓出土
宝鸡市考古研究所藏

　　金质铁柄，铁质剑身，分制卯合，由铁茎插入金柄内。剑身呈柳叶形，柱状脊。出土时剑身外有织物包裹的印痕，并有小金泡 7 枚，整齐列为一行，应为剑鞘。剑柄处由格至首为金质，整体镂空，两面纹饰相同，作镂空的浮雕蟠虺纹。虺身布满表示鳞甲的密点，互相缠绕，以绿松石镶嵌其间。绿松石多磨成"乙"字钩形，与蟠虺纹相映成趣，剑柄繁复眩目、玲珑剔透。立体镂空、宝石镶嵌和颗粒肌理，可能受游牧民族的影响。

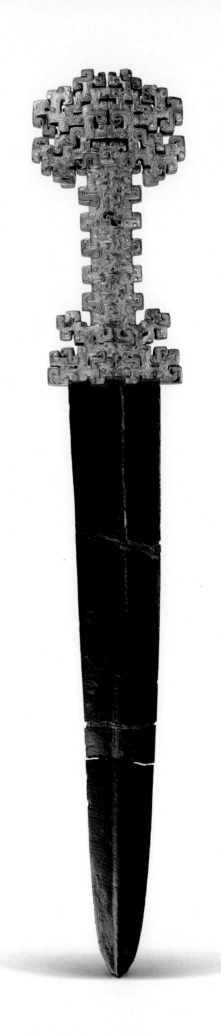

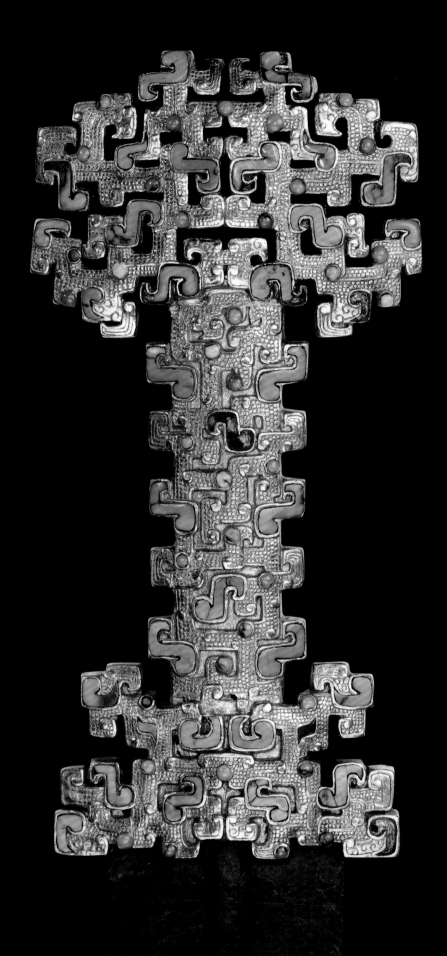

嵌绿松石金饰件

战国（公元前 475～前 221 年）
直径 3.1、高 0.6 厘米
重 21.4 克
河北易县燕下都辛庄头遗址 30 号墓出土
河北省文物考古研究院藏

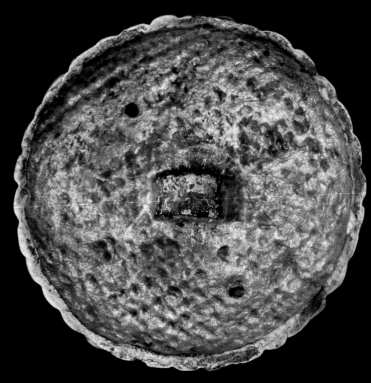

嵌绿松石金饰件

嵌绿松石金饰件

战国（公元前 475~前 221 年）

直径 2.2、高 0.8 厘米

重 19.5 克

河北易县燕下都辛庄头遗址 30 号墓出土

河北省文物考古研究院藏

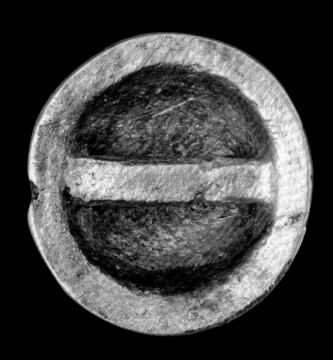

神秘 Mysterious
西南 Southwest

战国末期，战火纷乱，流行于中原的绿松石镶嵌工艺急剧衰落，却被西南的古滇人保存并延续到西汉。西南地区也因此成为我国秦汉时期，绿松石的主要出土地点。

The popular turquoise inlay technique which prevailed in the Central Plains declined drastically due to the turmoil of late Warring States period. Whereas the Dian people of southwestern China preserved and continued the turquoise tradition to Western Han dynasty. Turquoise objects of Qin-Han period are mostly unearthed in southwestern China.

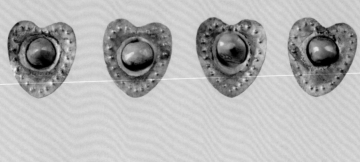

古滇国文化

古滇国分布在今云南中部的滇池一带，时代大致在战国末至东汉早期。《史记·西南夷列传》中有关于古滇国的记载："西南夷君长以什数，夜郎最大；其西靡莫之属以什数，滇最大；自滇以北君长以什数，邛都最大。"自汉武帝在滇国设益州郡，并赐滇王之印，滇国成为汉的属国。晋宁石寨山、江川李家山等古墓群的发掘，及"滇王之印"的出土，证明了古滇国的存在。其青铜器喜用写实雕塑，记录了独特的滇文化，帮助我们揭示西南古国的神秘面纱。

绿松石珠 （1组57件）

西汉（公元前202～公元8年）
直径0.5～1.3、厚0.3～0.5厘米
云南晋宁石寨山遗址出土
云南省博物馆藏

绿松石珠串

西汉（公元前 202～公元 8 年）
长 28 厘米
云南晋宁石寨山遗址出土
云南省博物馆藏

兽头形绿松石珠

西汉（公元前 202～公元 8 年）
长 8 厘米
云南晋宁石寨山遗址出土
云南省博物馆藏

珠子不透明，呈灰绿、蓝绿色，被雕琢成不同的兽头形状：有的像狗，有的像虎，有的像豹，有的像牛。

绿松石串饰

西汉（公元前 202～公元 8 年）
串珠（最大）径 2.6、串珠（最小）径 0.85 厘米
云南江川李家山 68 号墓出土
云南李家山青铜器博物馆藏

　　此绿松石串由多件不规则的片状绿松石穿缀而成。根据所用石材形状稍加雕琢制成，基本保持原石料的自然形态，背面略磨平，斜钻互相穿通的双连孔用于穿缀于装饰物上。

珠被

西汉（公元前 202～公元 8 年）
每边通长约 40 厘米
云南江川李家山 47 号墓出土
云南李家山青铜器博物馆藏

　　此件为珠被的局部，原物用数以万计的金、玉、玛瑙、绿松石、琉璃制作成的各种管、珠、扣等饰件，缝缀在一块白色帛布上，大致呈长方形，宛如用珠宝缝缀的"珠被"。由于帛布朽毁，出土时多已散乱。可能就是古文献中所谓的"珠襦玉柙"。以珠被覆盖在尸体殓衾上，是滇文化中由来已久的葬具和葬俗。

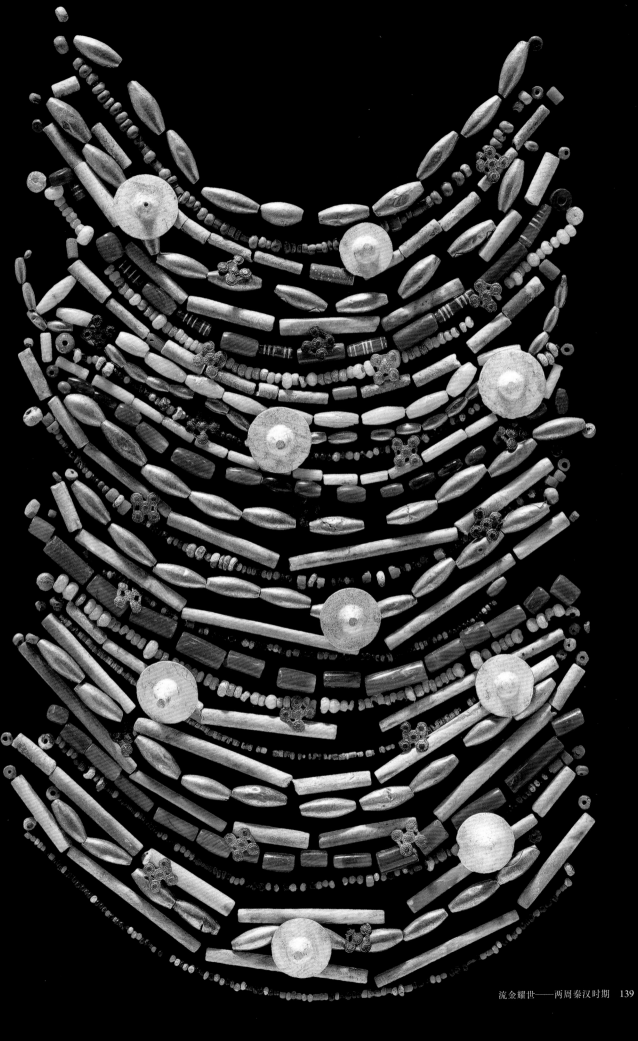

嵌绿松石心形金片饰（1组7件）

西汉（公元前202～公元8年）
长2、宽1.8～1.9厘米
云南江川李家山69号墓出土
云南李家山青铜器博物馆藏

　　薄金片剪成心形，中间向下锻一平底圆凹，内镶嵌一绿松石小扣，底部凿有二小孔，周围边沿锻小突泡一周，应为缝制在某装饰物上的小配饰。

嵌石无格铜剑

西汉（公元前 202～公元 8 年）
残长 33.4、茎长 8.4、腊宽 3.6 厘米
云南江川李家山 68 号墓出土
云南李家山青铜器博物馆藏

　　无格，空心扁平圆茎，"八"字形首，顶端有小圆孔。腊狭长，锷斜直，腊茎间有"颈"较短。茎及"颈"饰绚纹、双弦纹和菱形纹组合图案。茎饰细密的圆形绿色穿孔石片。李家山古墓群出土的青铜剑多为青铜短剑，这件嵌石无格铜剑制作精美，出自大型墓葬，当专供滇国贵族使用。

滇文化的代表饰品——青铜扣饰与青铜镯

青铜扣饰与青铜镯均是滇文化中的特色器物。扣饰常见圆形和矩形，正面有的镶嵌绿松石或玉管，有的饰凸线花纹，边缘浮雕动物或波卷纹。背面有矩形齿扣，是可供系戴、悬挂的装饰品。江川李家山出土的金腰带及扣饰组合证明扣饰具有带扣的实用功能。成组铜镯多出自女性墓内的前臂位置或附近，常四个或六个一套，重叠成筒状，分别佩戴于墓主人左、右手臂上。铜镯外周常镶嵌细小的绿色石片，可能为绿松石或孔雀石。在滇青铜器的图像记录中，圆形扣饰佩戴于人物胸前、腰间，人物发髻上也见相似的圆形饰物，小臂佩戴成套铜镯，十分形象。

金腰带及圆形扣饰（1组2件）

西汉（公元前202～公元8年）
金腰带长96.2、宽5.8～7厘米，
扣饰直径20.5厘米
云南江川李家山51号、47号墓出土
云南李家山青铜器博物馆藏

由一条黄金锻打的腰带和圆形铜扣饰组成。腰带长条形，其上錾刻卷云纹和曲线纹，前、后部上沿略高于两侧，边沿凿有小孔一周，两端分别凿有1个和2个方形孔。铜扣饰正面内凹如浅盘，中央嵌乳凸形红玛瑙饰，其外镶嵌细密的石片和玉环，再外嵌石片，部分已脱落。出土时腰带方孔内扣着圆形扣饰背面的矩形齿扣，两个方孔位置可重合，可调节腰带之长短。此器物充分反映了滇国贵族装饰之奢华，同时也准确直观地表明了铜扣饰的作用。

镶石圆形铜扣饰

西汉（公元前 202～公元 8 年）
直径约 12 厘米
云南晋宁石寨山遗址出土
云南省博物馆藏

嵌玉石长方形猴边铜扣饰

西汉（公元前 202～公元 8 年）
长 12.9、宽 8.6 厘米
云南江川李家山 68 号墓出土
云南李家山青铜器博物馆藏

　　扣饰呈长方形，正面微凹，围边沿雕
铸十二只猴，上下各四只，两侧各两只，
排列紧密。猴均侧身，首尾相随，每猴一
前肢搭于前猴后部。中央镶嵌五块玉片，
周围镶嵌绿色细密石片，其外为一圈圆形
绿松石片，背面有一矩形扣。应为专供滇
国贵族佩戴的装饰品。

镶石铜镯（1组6件）

西汉（公元前202～公元8年）
叠成筒高12.2厘米
最大件径6.6～7、高2.2厘米
最小件径5.9、高1.8厘米
云南江川李家山59号墓出土
云南李家山青铜器博物馆藏

圆环，环面高作短筒状，大小不一，一端略大，重叠成圆筒状，环外周面在铸制的槽内镶嵌碎粒状石珠二道或三道，多已残破脱落。铜镯镀锡呈银色，与绿色石片相间衬托，改变了青铜镯单一的色彩，使镯色显得高雅，增加了美感和艺术效果。

镶石铜手镯（1组3件）

战国（公元前 475～前 221 年）
直径 6.4、单节高 2.2 厘米
云南江川李家山遗址出土
云南省博物馆藏

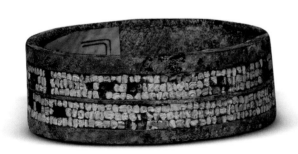

镶石铜手镯（1组2件）

西汉（公元前 202～公元 8 年）
高 3.4、口径 6、底径 6.5 厘米
云南晋宁石寨山遗址出土
云南省博物馆藏

宝竞风雅
——隋唐宋明时期

　　魏晋隋唐以降，绿松石以天蓝水碧之色和莹莹润泽之光，跻身诸多名贵玉宝之间，深受中原宫廷贵族推崇。北地苍茫无际、铁骑雄风，孕育了草原民族粗犷豪放的性情和精致柔和的精神世界，极尽奢华的金银器和绿松石、水晶、玛瑙，见证着他们往昔的显赫与荣光。中土之西的吐蕃则对绿松石情有独钟，将财富与瑰丽之姿汇聚于一团天色，绿松石妆点的佛像与法器，更将佛法的庄严与神圣凸显无余。

Of Elegant Style
Sui-Tang and Song-Ming Period

Since Wei-Jin period, turquoise with Azure blue and vivid glow was specifically praised over other gemstones by aristocrats in the Central Plains Area. In northern grasslands, nomads with bold and rough features manifested luxurious life and delicate spiritual world by crystal, agate as well as gold and silver objects decorated by turquoise. Tubo, on the Qinghai-Xizang Plateau, preferred turquoise. Moreover, statues and instruments of Buddhism decorated with it embody much solemnity and sacredness.

雪域瑰宝
Gem of The Snowy Region

活跃于巍峨雪峰间的吐蕃人和吐谷浑人，爱将绿松石点缀到衣物、金银容器、车马器上，进而传承为藏族装饰工艺的重要特色，由于地处文明交汇的十字路上，本地元素交融了佛教、粟特、波斯、大唐气象。到了明代，绿松石与宗教元素结合更加紧密，与红宝石、珊瑚等组合镶嵌到藏传佛教造像和法器上，展现佛法的高深和信众的虔诚。

People of Tubo and Tuyuhun who lived on highland with snowy peaks, loved decorating clothes, metal wares, chariots with turquoise. This trend later flourished into a major Tibetan decoration craftsmanship. Located on the cross of cultures, Tibetan culture fused with Buddhism, Sogdiana, Persia, and Tang styles. In Ming dynasty, turquoise was further frequently used on religion wares. Ruby, coral and turquoise were inlaid onto Tibetan Buddhist statues and instruments, showing the deepness of belief and piety of followers.

金牌饰

吐蕃时期（公元 7 世纪～9 世纪中叶）
高 2.4、宽 2.8、厚 1.8 厘米
征集
青海藏医药文化博物馆藏

金牌饰

吐蕃时期（公元 7 世纪～9 世纪中叶）
高 2.5、宽 2.6、厚 1.7 厘米
征集
青海藏医药文化博物馆藏

牌饰均由金片捶揲而成，嵌绿松石。前两件呈不规则圆角三角形，中间镶一圆形红珊瑚，周围镶三颗圆形绿松石。中两件呈长方形，饰卷草花卉纹，花心镶嵌绿松石。后两件略呈圆形，表面凸起，镶嵌形状各异的绿松石，组成花卉图案。

金牌饰

吐蕃时期（公元 7 世纪～9 世纪中叶）
长 2.6、宽 1.8、厚 0.75 厘米
征集
青海藏医药文化博物馆藏

金牌饰

吐蕃时期（公元 7 世纪～9 世纪中叶）
长 2.7、宽 2、厚 0.65 厘米
征集
青海藏医药文化博物馆藏

金牌饰

吐蕃时期（公元 7 世纪～9 世纪中叶）
长 1.9、宽 1.8、厚 1.9 厘米
征集
青海藏医药文化博物馆藏

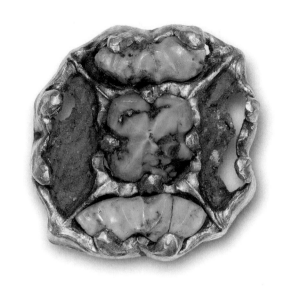

金牌饰

吐蕃时期（公元 7 世纪～9 世纪中叶）
长 1.9、宽 1.8、厚 1.3 厘米
征集
青海藏医药文化博物馆藏

镶绿松石金饰

唐（公元 618~907 年）
挂坠长 10.4、宽 3.2、厚 0.3 厘米
圆形饰件直径 1.06、厚 0.8 厘米
征集
内蒙古博物院藏

　　金质。捶揲成型，由一件坠饰和十一件带饰组成。坠饰由联珠装饰边缘，鱼子地，下端缀三联珠形饰件，包镶绿松石。带饰分花形、圭形等，背板饰钉，用以固定，表面均镶嵌经打磨、雕琢加工的松石。

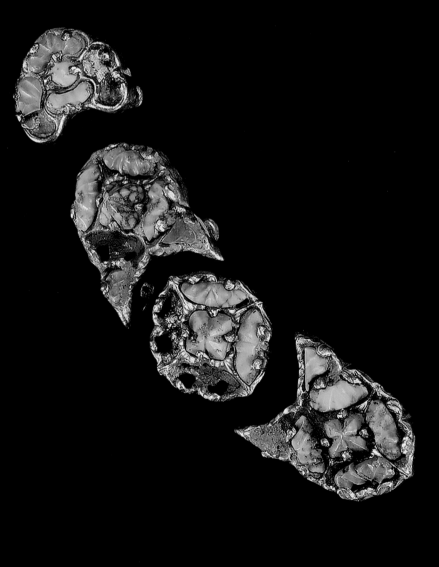

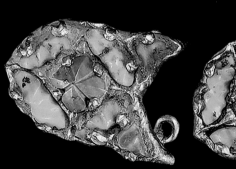

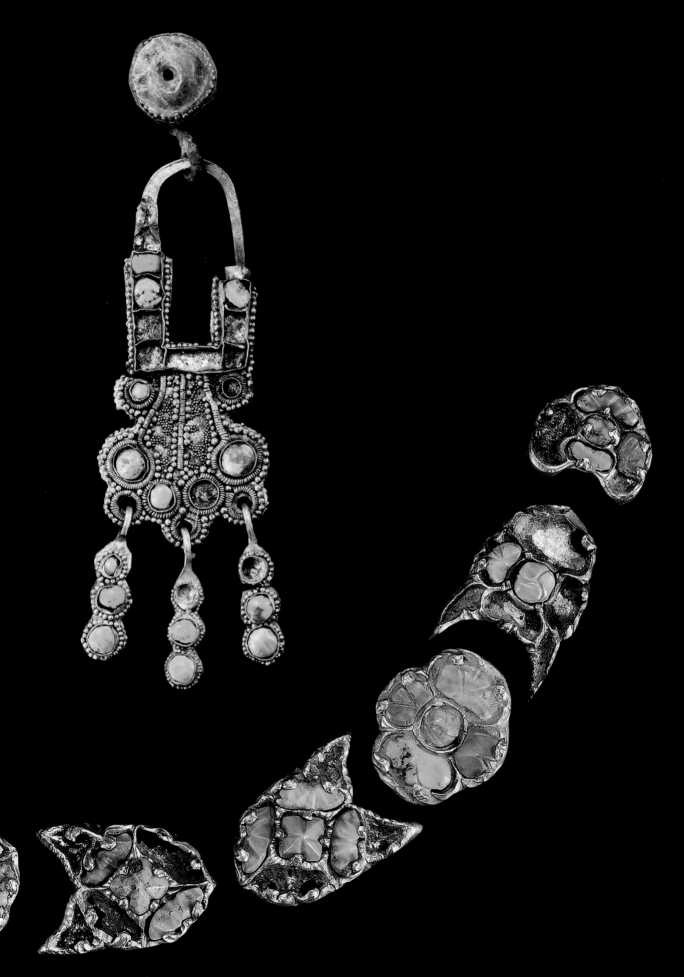

吐蕃金牌饰的特殊功能

金牌饰是吐蕃时代颇具特色的代表器物，采用捶揲、錾刻、焊接、镶嵌等多种工艺，常见联珠纹、鱼子地纹，体形小而精，四角或边缘上有小孔或背面带有扣饰，可缀系于衣物、皮带之上。《册府元龟·外臣部·土风三》有载："（吐蕃）大略其官之章饰有五等，一曰瑟瑟，二曰金，三谓金饰银上，四谓银，五谓熟铜。各以方圆三寸褐上装之，安膊前以别贵贱……爵位则以宝珠、大瑟瑟、大银、小银、大瑜石、小瑜石、大铜、小铜为告身，以别高下。"说明部分金牌饰当和示意官阶等级的"官之章饰"和社会地位的"告身制度"相关，是吐蕃文化中特殊的社会现象。而另一些数量多且造型一致的则可用于皮带装饰，即唐人称呼的"蹀躞"，可饰人亦可饰马。

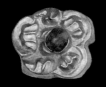

金带饰（1组7件）

唐（公元618～907年）
长1.4～1.9、宽1.1～1.6厘米
重15克
征集
甘肃省博物馆藏

金质，捶揲成型，有五瓣花形、马蹄形等，中部镶嵌单颗绿松石，周围錾刻花草纹饰。个别侧面空腔有残留物，或为皮制。

鎏金錾鸟纹银牌

公元 6 世纪
长 11、宽 6.4 厘米
征集
青海湟源古道博物馆藏

银质鎏金。整体呈圆角梯形，前端外弧，中部置有挂扣，后端渐收窄成方形。边缘錾一周穗纹，面錾凤鸟纹，鸟嘴衔花卉，眼及头、尾凤羽镶绿松石珠，部分脱落。具有中西亚地区艺术风格。

金牌饰

吐蕃时期（公元7～9世纪中叶）
长4.5、宽4.5、厚0.4厘米
征集
青海藏医药文化博物馆藏

　　金质，方形。采用捶揲、焊接、镶嵌等工艺。主体纹样为着吐蕃特色长袖袍和长靴的人物形象，鱼子地，边框饰联珠，外围用绳状金丝围绕三圈，再饰一圈小粒联珠。并用绿松石镶嵌点缀内圈人物和联珠边框。

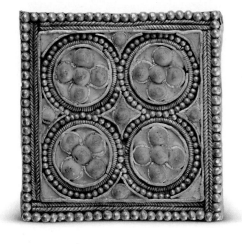

金牌饰

吐蕃时期（公元7～9世纪中叶）
长3.5、宽3.5、厚0.4厘米
征集
青海藏医药文化博物馆藏

　　金质，方形。采用捶揲、抛光、焊接、镶嵌等工艺；主体纹样为四朵由绿松石填嵌的花卉，以联珠和金丝圈界分隔，外围以金丝穗纹和联珠做框。其他留白处均填以片状松石，十分规整。

金牌饰

吐蕃时期（公元 7～9 世纪中叶）
长 3.7、宽 3.7、厚 0.4 厘米
征集
青海藏医药文化博物馆藏

　　金质，方形。主体纹样为嵌绿松石的
菱形、方形、圆圈几何纹饰，组合搭配，边
框围以金丝穗纹、紧密的螺旋和联珠纹带。

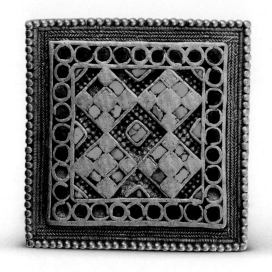

金牌饰

吐蕃时期（公元 7～9 世纪中叶）
直径 5.6、厚 0.4 厘米
征集
青海藏医药文化博物馆藏

　　金质，圆形。捶揲成四层同心圆，圆
心镶嵌物脱落，外圈环绕一周共九颗大小
一致圆形绿松石，第三圈以鱼子地和留白
组合成太阳芒状纹饰带，最外圈饰叶状纹
饰带，内镶绿松石，仅残留一颗。外框饰
以金丝螺旋和联珠纹带。

金牌饰

吐蕃时期（公元7~9世纪中叶）
长3.7、宽2.9、厚0.4厘米
征集
青海藏医药文化博物馆藏

　　金质，长方形。鱼子地，中部錾刻菱
形纹饰区，间隔镶嵌绿松石，两侧装饰拱
形纹饰带。

嵌绿松石马形金饰（1组6件）

唐（公元618～907年）
长3、宽3.5、厚1厘米
征集
青海湟源古道博物馆藏

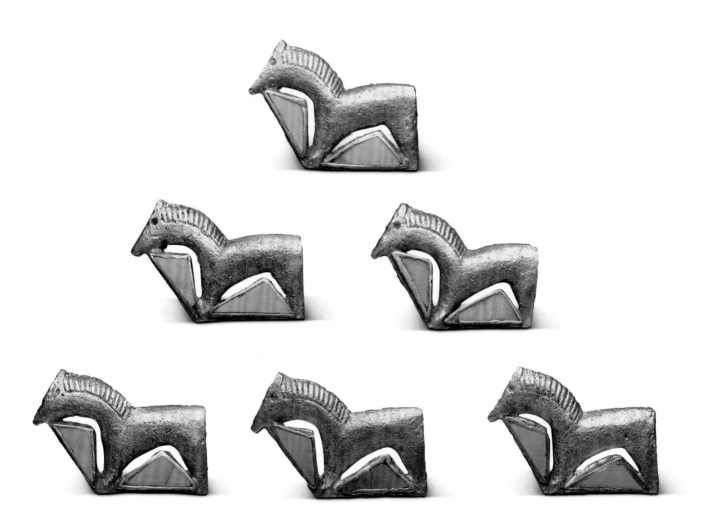

镶绿松石金耳环（1 对）

唐（公元 618～907 年）

长 5.5、宽 2 厘米

征集

青海湟源古道博物馆藏

嵌绿松石立凤金头饰件

吐蕃时期（公元 7 世纪～9 世纪中叶）

高 12.5、宽 8.5 厘米

重 26 克

征集

青海藏医药文化博物馆藏

采用捶揲、镂空、镶嵌等工艺制成。主体造型为一金质立凤，凤腹饰鱼鳞状纹饰；双翅展开，翅中由金片捶揲成型，镶嵌圆片绿松石，边缘饰联珠纹，最外侧由绿松石填嵌丰满的镂空金羽，金丝上饰极细小联珠纹；凤尾整体呈叶片状，边缘及中心点缀缠枝卷草纹，花叶镶嵌绿松石。金丝螺旋拧制成挺拔的凤腿。凤的羽翼丰盈、展翅昂立。

金质嵌宝石鹅饰件

吐蕃时期（公元 7～9 世纪中叶）

长 6.8、宽 3.6、厚 2.6 厘米

重 36 克

征集

青海藏医药文化博物馆藏

　　金质，整体作鹅回首造型。双翅平展，镶嵌珊瑚；鹅身中部镶嵌绿松石；尾翼上部呈联珠形凹槽，内镶珊瑚，尾尖小圆孔镶嵌物脱落；双眼嵌有黑色宝石，嘴唇部分镶嵌红珊瑚。

金质镶绿松石联珠纹手镯

吐蕃时期（公元 7~9 世纪中叶）

镯环长 7.3、宽 7 厘米

绿松石长 3.8、宽 3、厚 0.6 厘米

重 59 克

征集

青海藏医药文化博物馆藏

　　金质，采用卡扣设计。镯身三处有镶嵌，中部为形状不规则的大块绿松石，周边饰一圈细密的联珠纹；另外两侧镶嵌物均已脱落，一侧残余圆形凹槽；相对一侧为心形凹槽。

鎏金十一面观音像

明（公元 1368～1644 年）
高 34 厘米
征集
甘肃省博物馆藏

　　铜质鎏金。八臂十一面，头部五层均匀对称，下三层的每三面均为观音面，第四层为怪笑相，第五层为佛相，呈塔状，属藏传密宗模式。耳饰、项圈、臂钏等饰物上镶嵌绿松石、红宝石。两主臂合于胸前双手捧摩尼宝珠；两臂下垂于前，其中左手执法器，右手结印；两臂平伸；后两臂上举。跣足而立。

文殊菩萨像

明（公元 1368～1644 年）

底径 12.2～16.5、高 23.3 厘米

移交

四川博物院藏

　　铜质鎏金。头戴宝冠，身饰璎珞，器
身嵌珊瑚、绿松石，双手当胸结印执花
枝，花开肩两侧，分别置宝剑和经书，跏
趺坐于双层仰覆莲台上。

草原奇珍
Treasure of The Grasslands

　　魏晋南北朝时期，分裂与融合的时代洪流卷撷起民族迁徙和人口流动的巨浪，推动文化传播交流之舟历时远行。盛极一时的契丹王朝见证了这种交流的延续，轻盈便携的金银器展现着草原民族的精致奢华，绿松石装饰的金银器，更是锦上添花。金玉结合，富丽堂皇，透露契丹族对汉族文化的吸收，细密的联珠、跃动的摩羯也描摹着多元文化与复杂信仰的交辉。

　　The divisions and integrations among peoples during Wei, Jin and North-South dynasties finally resulted in splendid cultural communications. Mixed culture characteristics were inherited by Qidan empire. The exquisite gold and silver wares were light and portable, and the turquoise as well as jade decoration on them reflected Han culture influence. Patterns of finely linked circles and vivid Capricorns depicted the fusion of colorful cultures and beliefs that once were distant.

草原民族的首饰偏好

绿松石在草原文化中多用于镶嵌指环、耳饰等，少许也做成串饰。我国北方少数民族素有穿耳戴环之风，辽代契丹族也继承了这一传统习俗，耳饰在大辽长足发展，男女皆配戴。摩羯形或摩羯舟形，是辽代耳饰的大宗类型，此外，较简易的U形耳饰的使用也贯穿辽代始末。草原民族亦颇爱黄金戒指，并将包含绿松石在内各种宝石嵌于其上，契丹在匈奴、鲜卑之后依然秉承这一传统。盾形戒指最富辽代特色，数量不少且工艺精湛，男女皆佩戴。同时，动物形象的戒指也颇受契丹青睐，是继承自北方民族的首饰传统。

摩羯纹镶绿松石金耳饰

辽（公元 916～1125 年）
通高 4.5、宽 4.4 厘米
赤峰市阿鲁科尔沁旗耶律羽之墓出土
内蒙古自治区文物考古研究院藏

　　耳环造型为中空的摩羯，经过捶揲、焊接成型，呈龙首鱼身，尾部上卷，身上錾刻鱼鳞，腹下有鳍。头腹和尾部镂空处镶嵌绿松石，多脱落。摩羯是印度神话中的异兽，随佛教一起传入内地，寓意吉祥，在唐代已十分流行，契丹族通过与唐朝联系，了解摩羯并将其融入自身文化。

蟾蜍形金戒指

辽（公元 916～1125 年）
长 4、宽 2.1 厘米
通辽市科尔沁左翼后旗吐尔基山辽墓出土
内蒙古自治区文物考古研究院藏

　　金质。戒面盾形，錾刻精细的缠枝花纹，上包水晶，正中蹲伏一只蟾蜍，背部镶嵌一颗心形绿松石。指环两侧錾刻月牙状纹饰，并嵌有绿松石，下端缠绕褐色织物。

嵌墨玉绿松石金耳饰（1对）

辽（公元 916～1125 年）
高 6、宽 2.8 厘米
通辽市科尔沁左翼后旗吐尔基山辽墓出土
内蒙古自治区文物考古研究院藏

　　金质。耳坠采用捶揲、镶嵌等工艺，主体呈"U"形，前方装饰金质花球，中部嵌四棱体造型的墨玉，外侧不完整包金片，金片及花球上镶嵌方形绿松石，周围錾刻联珠纹。耳坠与弯钩焊接为一体。

嵌绿松石兽头形金戒指

西晋（公元265～317年）
高2.9、指径1.8厘米
乌兰察布市凉城县小坝子滩村窖藏出土
内蒙古博物院藏

指环呈扁条状，锤打而成。戒面为兽头，眉弓高，双目圆睁，镶嵌圆形绿松石，一颗脱落，吻部突出。

盾形金戒指

辽（公元916～1125年）
面长3.6、宽1.6厘米
赤峰市阿鲁科尔沁旗耶律羽之墓出土
内蒙古自治区文物考古研究院藏

盾形戒面，錾刻精致的宝相花纹，花心镶嵌一颗绿松石，花瓣的四颗镶嵌物已脱落。

嵌绿松石錾花八棱金杯

辽（公元916～1125年）
口径5.9、底径3.7、高5.8厘米
通辽市科尔沁左翼后旗吐尔基山辽墓出土
内蒙古自治区文物考古研究院藏

侈口，八棱状，錾耳，束腰，圜底，圈足外撇。杯身捶揲成型，焊接錾耳、圈足。錾耳指垫呈双鱼形，头分尾聚，尾间嵌绿松石。口部、杯身立棱均以联珠纹作界，分隔成八面纹饰区，上部錾双鸟、双兔等动物纹，并有山石花树，用一周稷穗纹与中部主体纹饰间隔；中部动物与人物纹样相间，有双鹿、双象、双羊、婴戏、妇人照面、交谈等内容；杯底饰仰莲纹。圈足底亦装饰联珠纹一周，其上錾以六朵折枝花叶。留白处皆填鱼子地。

嵌宝石鎏金包银漆盒

辽（公元916～1125年）
长26、宽25、高13厘米
通辽市科尔沁左翼后旗吐尔基山辽墓出土
内蒙古自治区文物考古研究院藏

漆盒整体为倭角四方体，盒盖呈盝顶形。采用银衬多宝嵌技术，盒内部为黑色漆木胎，外包鎏金银片，在银片上或银片镂空部位镶嵌多种玉、宝组成精美图案。盖面正中嵌浅浮雕团龙玉片，外围环绕一圈共十三个簸箕形刻划有纹理的玳瑁，四边满嵌两相对称大小不一的弧边三角形玉片，其上刻画有细致的图案，玉片间规律点嵌松石、红宝石、水晶、玛瑙。镶嵌玉宝的边沿錾有繁复的联珠，间隔处錾有花草纹饰。盒身与盖侧面的装饰一致。盒盖内银片上鎏金錾刻"庭院赏乐图"。盒内有一面铜镜，镜背饰有花鸟纹，并铸"李家供奉"字样。

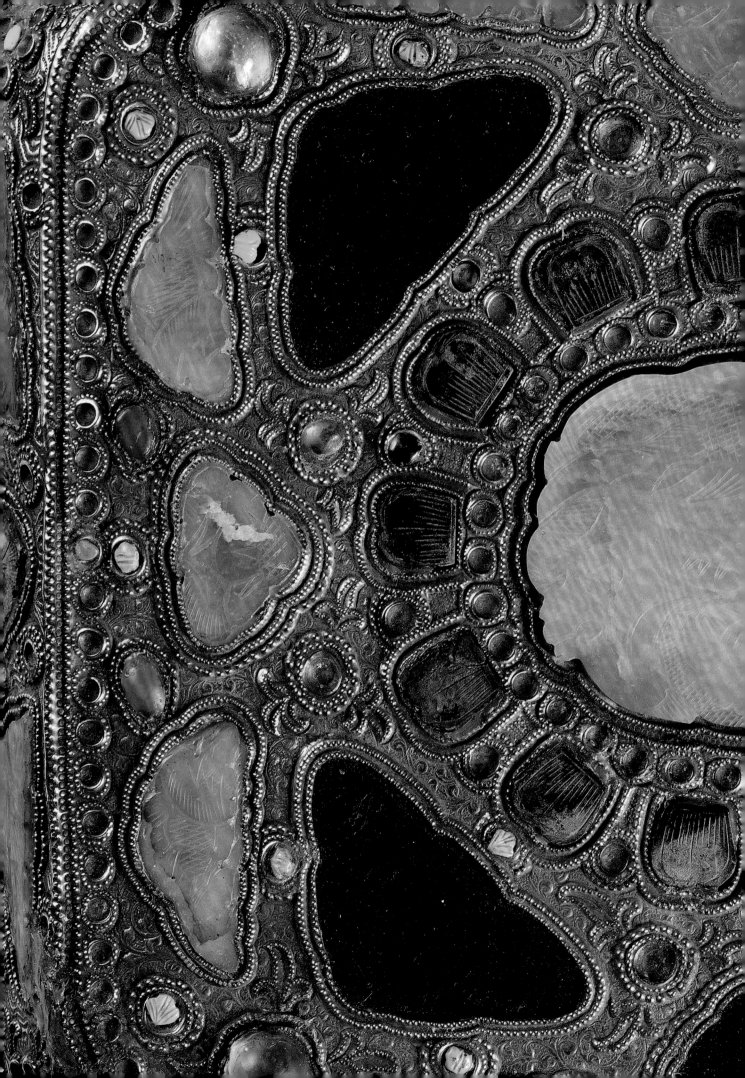

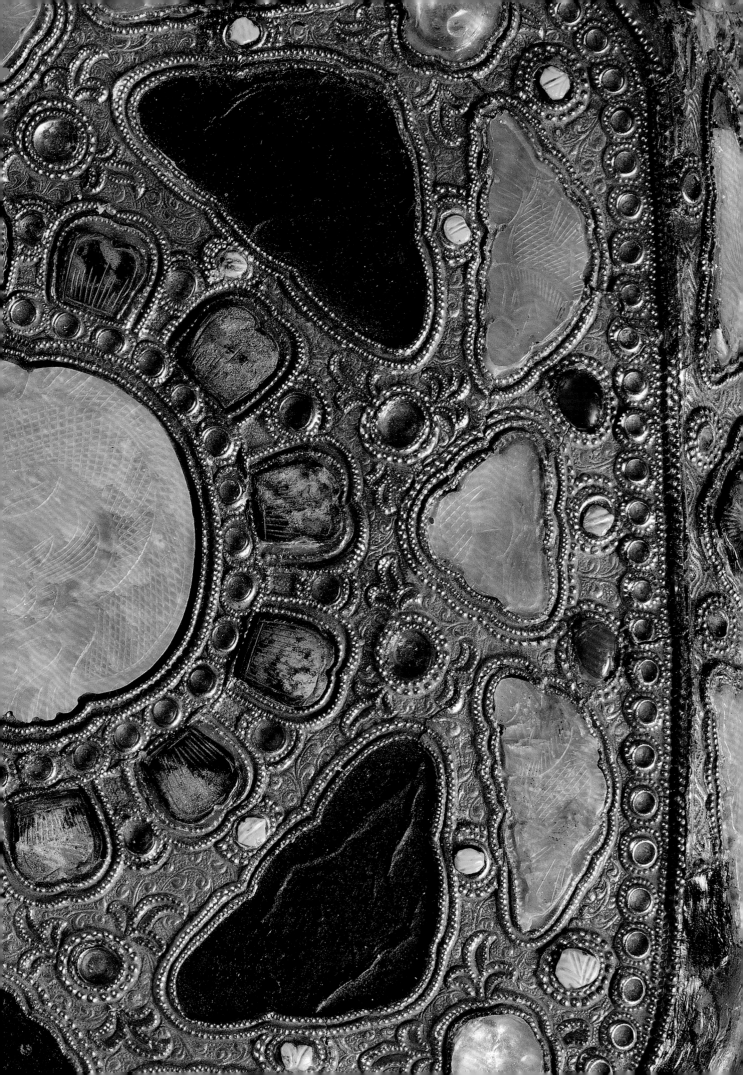

五色瑛琭 Splendor of Dynasties

盛世大唐，气象万千，绿松石折射出的富庶与繁华之光映射在贵族衣冠、配饰，螺钿宝镜，佛教舍利塔上，五色陆离、流光溢彩。元明时期，伊斯兰世界的彩色宝石经由西域传入中土，郑和下西洋和海上丝绸之路的繁荣更推动了宝石贸易的兴盛。作为本土镶嵌宝石的绿松石，与红宝石、蓝宝石、祖母绿、金绿宝石等异域珍宝一起，点缀在贵金属器之上，熠熠生辉、富丽美艳。

Tang dynasty left us with an impression of power and splendor. The peculiar brilliant shine of turquoise was seen on noble dressing, inlaid bronze mirrors, and Buddhist stupas of that time. In Yuan-Ming dynasties, gemstones of various colors from the Islamic world came to China. Also, Zheng He's Voyages and the prosperity of Maritime Silk Road greatly promoted gemstone trade. The indigenous turquoise, along with exotic ruby, sapphire, emerald and chrysoberyl brought by Silk Roads, adorned precious metal wares in a luxurious, dazzling manner.

掐丝炸珠嵌绿松石金带饰

晋(公元 265～420 年)
长 9、宽 8 厘米
征集
西安大唐西市博物馆藏

　　金质，长方形，采用了捶揲、镶嵌、炸珠等工艺。主体图案为一飞龙，眼睛及背部应镶嵌水滴状绿松石。自龙脊最高点至龙尾和龙首最低点，金珠从大至小依次排列，同时以细密的小金珠填充龙身其他部位，正中的大颗镶嵌物脱落。龙身周围还攀附有数条小龙。外缘饰一周菱形框带，其间对称排布八个圆形框，镶嵌物均已脱落，框带外缘装饰一周绳纹。

嵌绿松石金耳珰(1 对)

唐（公元 618～907 年）
通长 2 厘米
征集
西安大唐西市博物馆藏

　　整体为椭圆造型，中间镶嵌红色玛瑙，两侧空隙各镶嵌一组相对的水滴状绿松石，周缘饰有两周联珠纹，制作精美，鲜艳夺目。

镶嵌绿松石螺钿鹦鹉纹铜镜

唐（公元 618～907 年）
直径 6.5 厘米
征集
西安大唐西市博物馆藏

　　圆钮，素缘。钮外镶嵌一圈螺钿，主
图案为鹦鹉和折枝宝相花，以海蚌贝壳打
磨雕刻镶嵌而成。鹦鹉宛如在花间飞舞，
生动活泼，空隙处镶嵌有绿松石。

匠心独运的彩宝装饰工艺

明藩王墓出土的很多金与宝玉石结合制品运用了包镶工艺，这一技法春秋时出现，明代达到高峰，具体做法是将一个薄的金属框或环固定到金属底座上充当宝石座，座内置红蓝宝、绿松石、猫眼等，折弯座的上部压到宝石上以固定。这一工艺能最大限度地展示宝石的美感与光泽，高低错落之间，红、蓝、紫、金、绿等色彩碰撞出多元交辉，宝石本身仅打磨、抛光，依其自然形状填嵌，凸显异域彩宝与本土绿松石的和谐搭配，尽展皇室贵族奢华之风。

金耳饰 （1对）

明（公元 1368～1644 年）
通长 5、宽 5.8～6 厘米
分别重 11.55、11.8 克
湖北钟祥九里郢靖王墓出土
钟祥市博物馆藏

　　针体为细长圆柱体，造型为"S"形，尾端为尖锥形，顶端连接有细金丝，用金丝串连和捆扎绿松石饰件和两颗珍珠。绿松石造型似莲蓬，珍珠为圆形。

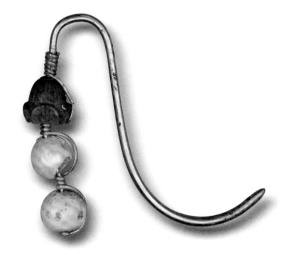

金耳饰（1 对）

明（公元 1368～1644 年）
头宽 2.7、通高 5、钩长 6.7～7 厘米
分别重 1.15、1.21 克
湖北钟祥九里郢靖王墓出土
钟祥市博物馆藏

　　以粗金丝为主体，配以细金丝造型。
用较粗的金丝弯曲成"S"形环钩，钩首
穿元宝形绿松石；环钩连接的环锤成三角
形框，两侧骨架上串有珍珠，其间又用细
金丝缠绕。这类耳环只在有爵位的宗室、
勋贵墓葬中出土，群体固定，受典制约
束较多，很可能是《大明会典》中记载的
"金脚四珠环"。

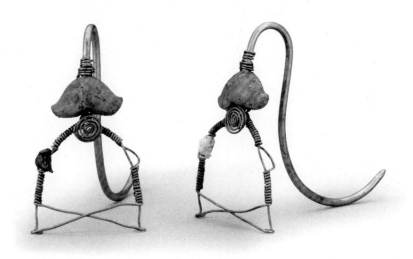

金镶宝三大士分心

明（公元 1368～1644 年）
高 12、宽 14 厘米
重 136.6 克
湖北蕲春都昌王朱载塎墓出土
蕲春县博物馆藏

　　镂空球路纹底托上用金丝系结三菩
萨，菩萨端坐莲花宝座上，身后有头光及
火焰纹背光，顶饰华盖，其上镶嵌各色宝
石，簪脚缺失。扬之水考证，端坐中间者
为观音，善财与童子列两侧，立于祥云之
上。右端执如意者为普贤，左端为文殊。
三大士是明代佛寺造像中的常见组合。

金镶宝蝶赶花纽扣（1组2件）

明（公元1368～1644年）
长5、宽2.2厘米
重25.4克
湖北蕲春都昌王朱载塎墓出土
蕲春县博物馆藏

　　活扣设计，扣两侧立体雕刻成蝴蝶
状，扣眼为团花，扣心镶嵌宝石。

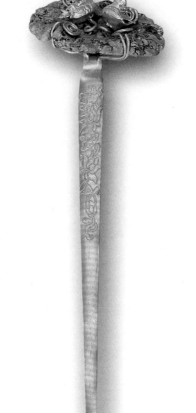

鸳鸯戏莲金簪

元（公元1271～1368年）
长12.5厘米
重17.71克
湖北黄陂周家田韩氏墓出土
武汉博物馆藏

　　簪首为荷叶与其上成双相对的鸳鸯。
鸳鸯用金片制成，荷叶用绿松石制成，以
四根金丝固定。簪身上半部錾刻莲花。

金簪花

明（公元 1368～1644 年）
通长 15.5、宽 5 厘米
花体长 10.1、宽 9.7 厘米
重 90.9 克
湖北钟祥九里郢靖王墓出土
钟祥市博物馆藏

　　簪针体为扁平剑形，上端渐成圆体
形。簪顶上焊接有金花，花朵做成一枝
盛开的牡丹花造型，花蕊顶部爪镶一颗
蓝宝石。

金镶宝花顶簪

明（公元 1368~1644 年）
长 19、簪首直径 6.7 厘米
重 105.6 克
湖北蕲春都昌王朱载塎墓出土
蕲春县博物馆藏

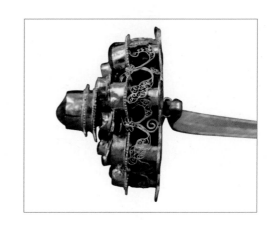

　　簪首三层花，顶层大花，花心嵌大颗蓝宝石，细金丝弯成花瓣。二层环绕八朵小花，花心镶红宝石，金累丝成花瓣。三层环绕与顶花形制相同的八朵小花，花心间隔嵌红蓝宝，周围金丝掐出藤蔓，其间点缀金丝六瓣小花。底部的八瓣花托背面亦錾刻花朵。簪脚中部起棱，以方槽固定于花托中部。

镶宝石金耳环（1对）

明（公元 1368～1644 年）

长 5 厘米

云南呈贡沐崧夫妇合葬墓出土

云南省博物馆藏

　　耳环整体造型为葡萄串状，以红、蓝宝石，绿松石镶嵌出果实累累的效果，佩戴时，随行走轻轻振动，显示高雅之姿。以金、宝石组成器物，造型简洁，完整协调。金的部分光泽闪耀，红、蓝、绿宝石斑斓眩目，虽反差强烈，又和谐统一，相映成趣。这对耳环在艺术风格上体现了明代镶嵌工艺的特点，创作者怀祈福求吉之愿，以葡萄蔓延的枝条和丰硕的果实，象征富贵常青、多子多福之意。

金镶宝镂空云龙玉帽顶

明（公元 1368～1644 年）

座径 7～7.8、通高 7 厘米

重 114.6 克

湖北钟祥梁庄王墓出土

湖北省博物馆藏

由椭圆口喇叭形金底座和透雕白玉顶饰组成。底座呈绽开的八瓣覆莲状，每片瓣面金焊一素托，嵌宝石，现存红宝石两颗、蓝宝石三颗、绿松石两颗。座顶外缘处錾刻两周凸起的联珠纹。座顶以大椭圆形素托嵌白玉顶饰。玉顶饰呈圆角立方体，多层镂空，透雕出单龙、牡丹花、叶纹。座底微内凹，有两对"牛鼻孔"，与座顶内两对穿孔对应，底座花瓣之间也有六个小穿孔，用于缝缀。

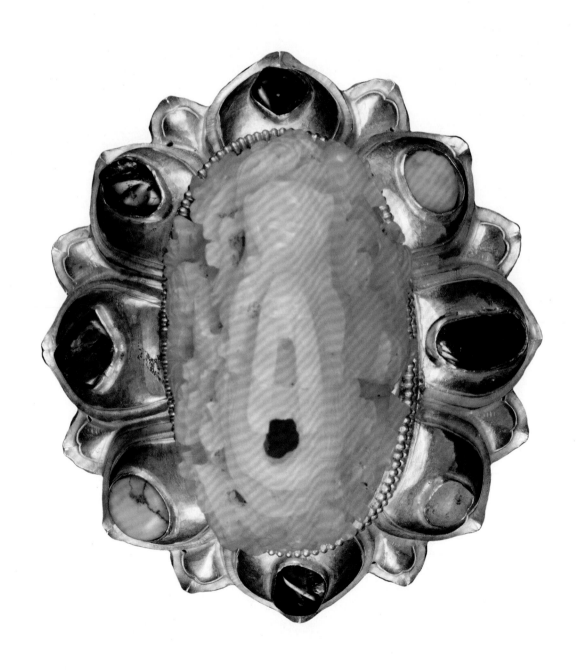

玉禁步（1组2件）

明（公元1368～1644年）

湖北蕲春都昌王朱载塎墓出土

蕲春县博物馆藏

　　一副两挂，由玉珩、玉叶和玛瑙鸳
鸯、玉桃、玉鱼、石榴等造型穿系组成，
排列规整，具有"金枝玉叶""多子多
福""鸳鸯合欢""富贵有余"等吉祥含
义。《客座赘语》有载"以玉作配，系之
行步声璆然，曰'禁步'"。禁步本义节
步，源于先秦时期的组玉佩，佩戴者须行
步缓慢来彰显尊贵身份，贵族佩玉以节步
也是基本的礼仪之需。此副玉禁步或为皇
室特制的婚配喜庆之物。

附 录

展品一览表

名称	年代及尺寸	来源及馆藏	图像
绿松石饰	新石器时代 裴李岗文化早期（距今 9000~8000 年） 长 2.2、宽 1.1~1.2、厚 0.1 厘米	河南舞阳贾湖遗址 115 号墓出土 河南省文物考古研究院藏	
绿松石饰	新石器时代 裴李岗文化早期（距今 9000~8000 年） 长 3、通宽 0.8、厚 0.1 厘米	河南舞阳贾湖遗址 127 号墓出土 河南省文物考古研究院藏	
绿松石饰	新石器时代 裴李岗文化早期（距今 9000~8000 年） 直径 1.6、厚 0.8 厘米	河南舞阳贾湖遗址 274 号墓出土 河南省文物考古研究院藏	
绿松石饰	新石器时代 裴李岗文化早期（距今 9000~8000 年） 直径 1.1、厚 0.5 厘米	河南舞阳贾湖遗址 275 号墓出土 河南省文物考古研究院藏	
绿松石饰	新石器时代 裴李岗文化早期（距今 9000~8000 年） 长 2.7、最宽 0.7、厚 0.3 厘米	河南舞阳贾湖遗址 243 号墓出土 河南省文物考古研究院藏	
绿松石饰	新石器时代 裴李岗文化早期（距今 9000~8000 年） 长 3.2、最宽 0.6、厚 0.3 厘米	河南舞阳贾湖遗址 243 号墓出土 河南省文物考古研究院藏	
绿松石饰	新石器时代 裴李岗文化早期（距今 9000~8000 年） 直径 0.6、厚 0.6 厘米	河南舞阳贾湖遗址 342 号墓出土 河南省文物考古研究院藏	
绿松石饰	新石器时代 裴李岗文化早期（距今 9000~8000 年） 直径 1、厚 0.4 厘米	河南舞阳贾湖遗址 385 号墓出土 河南省文物考古研究院藏	
绿松石饰	新石器时代 裴李岗文化早期（距今 9000~8000 年） 直径 1、厚 0.5 厘米	河南舞阳贾湖遗址 385 号墓出土 河南省文物考古研究院藏	
绿松石饰	新石器时代 裴李岗文化早期（距今 9000~8000 年） 直径 1.2、厚 0.7 厘米	河南舞阳贾湖遗址 386 号墓出土 河南省文物考古研究院藏	

名称	年代及尺寸	来源及馆藏	图像
绿松石鸮	新石器时代 红山文化（距今6500～5000年） 高2.4、宽2.8、厚0.4厘米	辽宁喀左东山嘴遗址出土 辽宁省文物考古研究院（辽宁省文物保护中心）藏	
绿松石坠饰	新石器时代 大汶口文化 （距今6300～4600年） 长2.3、宽1.4厘米	山东章丘焦家遗址91号墓出土 山东大学藏	
绿松石坠饰	新石器时代 大汶口文化 （距今6300～4600年） 长1、宽0.8厘米	山东章丘焦家遗址152号墓出土 山东大学藏	
绿松石坠饰	新石器时代 大汶口文化 （距今6300～4600年） 长4、宽1.4厘米	山东章丘焦家遗址91号墓出土 山东大学藏	
玉串饰	新石器时代 大汶口文化 （距今6300～4600年） 四联环长4.8、绿松石长3厘米	山东邹城野店遗址出土 山东博物馆藏	
绿松石坠饰、骨串饰	新石器时代 大溪文化（距今6300～5300年） 串饰长188、绿松石长2.7、宽1.05厘米	湖北宜昌杨家湾遗址出土 湖北省博物馆藏	
绿松石吊坠	新石器时代 屈家岭文化（距今5300～4600年） 长2、宽1.7、厚0.9厘米，重5克	湖北巴东楠木园遗址出土 湖北省博物馆藏	
绿松石吊坠	新石器时代 屈家岭文化（距今5300～4600年） 长2.6、宽2.1、厚0.2厘米，重5克	湖北巴东楠木园遗址出土 湖北省博物馆藏	
绿松石项链	新石器时代 齐家文化（距今4200～3800年） 高15.9、内直径7.3、口径8.6厘米	甘肃积石山县新庄坪出土 甘肃省博物馆藏	
绿松石串饰 （1组20件）	新石器时代 马家窑文化 半山类型（距今4600～4300年）	青海海东柳湾遗址出土 青海柳湾彩陶博物馆藏	
绿松石珠串	新石器时代 马家窑文化 半山类型（距今4600～4300年） 通长41.3厘米， 绿松石串珠（最大）长6.7、宽1.98、厚0.43厘米；石珠直径0.55、厚0.3厘米	青海海东柳湾遗址出土 青海柳湾彩陶博物馆藏	

名称	年代及尺寸	来源及馆藏	图像
绿松石片（1组75件）	新石器时代 马家窑文化 马厂类型（距今4300～4000年）	青海海东柳湾遗址出土 青海柳湾彩陶博物馆藏	
嵌绿松石牙指环	新石器时代 大汶口文化（距今6300年～4600年） 高1.8、外径3.7、内径2.3厘米	山东泰安大汶口遗址出土 山东博物馆藏	
绿松石镶嵌片	新石器时代 良渚文化（距今5300～4300年） 直径0.9、厚0.12厘米	浙江余杭反山墓地21号墓出土 良渚博物院藏	
绿松石隧孔珠	新石器时代 良渚文化（距今5300～4300年） 直径0.4～0.5厘米	浙江余杭反山墓地21号墓出土 良渚博物院藏	
绿松石镶嵌片 （1组8件）	新石器时代 良渚文化（距今5300～4300年） 长0.5～1.9厘米	浙江桐乡新地里遗址出土 浙江省文物考古研究所藏	
绿松石腕饰	新石器时代 龙山文化晚期（距今4300～3900年） 长11、宽7厘米	山西临汾市下靳墓地139号墓出土 山西省考古研究院藏	
嵌绿松石铜牌饰	夏（公元前2070～前1600年） 长16.3、宽10.8、厚0.3厘米	河南偃师二里头遗址出土 二里头夏都遗址博物馆藏	
嵌绿松石铜牌饰	夏（公元前2070～前1600年） 长13.7、宽9厘米	移交 天水市博物馆藏	
绿松石珠	夏（公元前2070～前1600年）	河南偃师二里头遗址出土 中国社会科学院考古研究所二里头工作队藏	
绿松石珠	夏（公元前2070～前1600年）	河南偃师二里头遗址出土 中国社会科学院考古研究所二里头工作队藏	
绿松石珠	夏（公元前2070～前1600年）	河南偃师二里头遗址出土 中国社会科学院考古研究所二里头工作队藏	
绿松石珠	夏（公元前2070～前1600年）	河南偃师二里头遗址出土 中国社会科学院考古研究所二里头工作队藏	

名称	年代及尺寸	来源及馆藏	图像
绿松石珠	夏（公元前 2070～前 1600 年）	河南偃师二里头遗址出土 中国社会科学院考古研究所二里头工作队藏	
绿松石珠	夏（公元前 2070～前 1600 年）	河南偃师二里头遗址出土 中国社会科学院考古研究所二里头工作队藏	
绿松石料（1 组 20 件）	夏（公元前 2070～前 1600 年）	河南偃师二里头遗址出土 中国社会科学院考古研究所二里头工作队藏	
绿松石片	商（公元前 1600～前 1046 年） 长 1.8、宽 1.4 厘米，重 1.7 克	湖北武汉盘龙城遗址王家嘴 1 号墓出土 湖北省博物馆藏	
绿松石片	商（公元前 1600～前 1046 年） 长 1.2、宽 1.1 厘米，重 0.8 克	湖北武汉盘龙城遗址王家嘴 1 号墓出土 湖北省博物馆藏	
绿松石片	商（公元前 1600～前 1046 年） 直径 1.3 厘米，重 0.5 克	湖北武汉盘龙城遗址杨家湾 11 号墓出土 湖北省博物馆藏	
绿松石串饰	商（公元前 1600～前 1046 年） 最大件长 2.5、直径 0.7、孔径 0.3 厘米，总重 34 克	湖北武汉盘龙城遗址楼子湾残墓出土 湖北省博物馆藏	
绿松石串饰	商（公元前 1600～前 1046 年） 直径约 9 厘米	湖北武汉盘龙城遗址杨家湾 17 号墓出土 盘龙城遗址博物院藏	
绿松石镶金饰件	商（公元前 1600～前 1046 年） 长 36、宽 28、高 15 厘米	湖北武汉盘龙城遗址杨家湾 17 号墓出土 盘龙城遗址博物院藏	
绿松石嵌片（1 组 2 件）	商（公元前 1600～前 1046 年） 1. 长 0.83、宽 0.6 厘米 2. 长 0.87、宽 0.57 厘米	湖北武汉盘龙城遗址李家嘴 3 号墓出土 盘龙城遗址博物院藏	
绿松石嵌片（1 组 12 件）	商（公元前 1600～前 1046 年）	湖北武汉盘龙城遗址李家嘴 2 号墓出土 盘龙城遗址博物院藏	
绿松石嵌片（1 组 8 件）	商（公元前 1600～前 1046 年）	湖北武汉盘龙城遗址李家嘴 2 号墓出土 盘龙城遗址博物院藏	

名称	年代及尺寸	来源及馆藏	图像
铜内玉戈	商（公元前1600～前1046年） 通长25.3、玉戈长14.4、内宽4.2厘米	河南安阳黑河路出土 中国社会科学院考古研究所藏	
绿松石人	商（公元前1600～前1046年） 高4.8、宽1.79、厚0.8厘米	河南安阳黑河路出土 中国社会科学院考古研究所藏	
绿松石镶嵌铜钺	商（公元前1600～前1046年） 通长20.5、刃宽12、厚0.8厘米， 重670克	河南安阳殷墟花园庄东地亚长墓出土 中国社会科学院考古研究所藏	
弓形器	商（公元前1600～前1046年） 通长36.6、弓身长21.1、弓身高3.3、 曲臂高7厘米	河南安阳殷墟花园庄东地亚长墓出土 中国社会科学院考古研究所藏	
弓形器	商（公元前1600～前1046年） 通长32.6、弓身长18.9、弓身高4、 曲臂高6.9厘米	河南安阳殷墟花园庄东地亚长墓出土 中国社会科学院考古研究所藏	
嵌绿松石青铜戈	商（公元前1600～前1046年） 通长20.3、通宽11.4、锋长17.7厘米	山东济南大辛庄遗址出土 山东大学藏	
嵌松石骨鸡	商（公元前1600～前1046年） 通高6.5、长5.6、宽3.7厘米	征集 湖北省博物馆藏	
商周绿松石珠	晚商至西周 直径0.43～0.8、孔径0.25、高2.2厘米	四川成都金沙遗址出土 成都金沙遗址博物馆藏	
商周绿松石珠	晚商至西周 直径0.9～1.1、孔径0.3～0.4、高1.95厘米	四川成都金沙遗址出土 成都金沙遗址博物馆藏	
商周绿松石珠	晚商至西周 直径1.3～1.5，孔径0.5～0.7，高1.9厘米	四川成都金沙遗址出土 成都金沙遗址博物馆藏	
商周绿松石玉璧	晚商至西周 直径2、孔径0.2、厚0.3厘米	四川成都金沙遗址出土 成都金沙遗址博物馆藏	
绿松石珠	晚商至西周 直径15厘米	四川成都金沙遗址出土 成都金沙遗址博物馆藏	

名称	年代及尺寸	来源及馆藏	图像
嵌玉片漆木器	晚商至西周 外匣长 20、宽 15 厘米	四川成都金沙遗址出土 成都金沙遗址博物馆藏	
玉鱼联珠串饰	西周（公元前 1046～前 771 年） 玉鱼长 7.2 厘米	山西曲沃晋侯墓地 102 号墓出土 山西省考古研究院藏	
玉鱼联珠串饰	西周（公元前 1046～前 771 年） 玉鱼长 8 厘米	山西曲沃晋侯墓地 102 号墓出土 山西省考古研究院藏	
腕饰	两周（公元前 1046～前 221 年） 串饰直径 9.2，串珠（最大）边长 2.8、厚 0.6， 串珠（最小）直径 0.5、厚 0.2 厘米	陕西韩城梁带村芮国遗址出土 陕西省考古研究院藏	
水晶串玉珠项饰	春秋（公元前 770～前 476 年） 串珠（最大）外径 2.5、 串珠（最小）外径 0.3 厘米	河南洛阳中州路出土 洛阳博物馆藏	
单佩联珠组合玉项饰	西周（公元前 1046～前 771 年） 周长 41 厘米	河南平顶山应国墓地 231 号墓出土 平顶山博物馆藏	
二璜联珠组合玉佩	西周（公元前 1046～前 771 年） 周长约 42、宽 20 厘米，重 181.7 克	河南平顶山应国墓地 231 号墓出土 河南省文物考古研究院藏	
十列串珠组合玛瑙佩	西周（公元前 1046～前 771 年） 穿联复原长度 21、十列串珠并列宽度 10、 下部张开宽度 16～18 厘米	河南平顶山应国墓地 231 号墓出土 河南省文物考古研究院藏	
嵌松石卧马纹金项饰	战国（公元前 475～前 221 年） 长 17.7、宽 8、厚 0.5 厘米，重 191 克	征集 鄂尔多斯市博物院藏	
金项圈	战国（公元前 475～前 221 年） 长 18.5、宽 4.4、厚 0.3 厘米，重 66 克	征集 鄂尔多斯市博物院藏	
镶绿松石铜豆	战国（公元前 475～前 221 年） 通高 26.4、口径 20.6 厘米	湖北随州擂鼓墩曾侯乙墓出土 湖北省博物馆藏	

名称	年代及尺寸	来源及馆藏	图像
铜匕	战国（公元前475～前221年） 通长45.8、宽9.2厘米	湖北随州擂鼓墩曾侯乙墓出土 湖北省博物馆藏	
越王鹿郢（"者旨於睗"）铜剑	战国（公元前475～前221年） 通长65、身宽4.6、身长54、茎长9.5、格宽5、格长1.2厘米	湖北荆州雨台乡官坪村9号墓出土 荆州博物馆藏	
格嵌绿松石铜剑	战国（公元前475～前221年） 全长54.4、身宽4.6厘米	湖北荆州江陵藤店1号墓出土 荆州博物馆藏	
玉环首铜削刀	战国（公元前475～前221年） 通长25、环首径3.8厘米	湖北荆州天星观2号墓出土 荆州博物馆藏	
嵌绿松石菱形四瓣花纹镜	战国（公元前475～前221年） 直径10、边厚0.4、钮高0.3厘米	征集 湖北省博物馆藏	
错绿松石铜盖豆	战国（公元前475～前221年） 通高27.5、盘径18.5、盘深6厘米	山东济南长清岗辛战国墓出土 山东省文物考古研究院藏	
铜泡（嵌孔雀石）	春秋（公元前770～前476年） 直径7.5、高2.7厘米	河南淅川下寺2号楚墓出土 河南省文物考古研究院藏	
铜泡（嵌孔雀石）	春秋（公元前770～前476年） 直径6、高2.5厘米	河南淅川下寺2号楚墓出土 河南省文物考古研究院藏	
铜鉴缶	战国（公元前475～前221年） 通高27.5、口径45.9、腹径45、圈足径26.3、足高2.5厘米	湖北随州文峰塔墓地18号墓出土 随州市博物馆藏	
铜剑	战国（公元前475～前221年） 剑长61、柄长10、腊宽5厘米	安徽六安白鹭洲585号战国楚墓出土 安徽省文物考古研究所藏	
错金银嵌绿松石铜带钩	战国（公元前475～前221年） 长18.5厘米	征集 河北博物院藏	

名称	年代及尺寸	来源及馆藏	图像
镶绿松石铜带钩	战国（公元前 475～前 221 年） 长 9.4、宽 1.9 厘米	殷屏香捐赠 湖北省博物馆藏	
镶嵌绿松石错金铜带钩	秦（公元前 221 年～前 207 年） 长 21.8 厘米	湖北荆州江陵凤凰山 70 号墓出土 荆州博物馆藏	
鎏金镶绿松石铜环	西汉（公元前 202～公元 8 年） 径 9 厘米	山东曲阜九龙山汉墓出土 山东博物馆藏	
嵌绿松石玛瑙银饰	西汉（公元前 202～公元 8 年） 通宽 6.72、厚 2.71 厘米	山东曲阜九龙山汉墓出土 山东省文物考古研究院藏	
镶绿松石铜承弓器 （1 组 2 件）	西汉（公元前 202～公元 8 年） 长 13.8 厘米	河北满城中山王刘胜墓出土 河北博物院藏	
错金银嵌宝石铜筑柄	西汉（公元前 202～公元 8 年） 高 2.4、直径 5.3 厘米	河北满城中山王刘胜墓出土 河北博物院藏	
仪仗顶头饰	西汉（公元前 202～公元 8 年） 残高 6.1、冒径 5.9 厘米	河北满城中山王刘胜墓出土 河北博物院藏	
熊羊纹嵌松石金饰件	战国（公元前 475～前 221 年） 长 4.6、宽 3.6 厘米	河北易县燕下都辛庄头遗址 30 号墓出土 河北省文物考古研究院藏	
熊羊纹嵌松石金饰件	战国（公元前 475～前 221 年） 长 4.7、宽 3.6 厘米	河北易县燕下都辛庄头遗址 30 号墓出土 河北省文物考古研究院藏	
嵌宝石虎鸟纹金牌饰	战国（公元前 475～前 221 年） 长 4.7、宽 3.1 厘米	内蒙古鄂尔多斯杭锦旗阿鲁柴登墓地出土 内蒙古博物院藏	
嵌绿松石金泡饰 （1 组 2 件）	战国（公元前 475～前 221 年） 直径 5.1、厚 1.5 厘米	内蒙古鄂尔多斯地区出土 鄂尔多斯市博物院藏	
嵌绿松石金饰牌 （1 组 2 件）	战国（公元前 475～前 221 年） 长 3.1、宽 2.3 厘米，分别重 16 克、15 克	内蒙古鄂尔多斯地区出土 鄂尔多斯市博物院藏	

（续表）

名称	年代及尺寸	来源及馆藏	图像
嵌绿松石鸟形金带扣	战国（公元前475~前221年） 长3.6、宽2.2、高1.3厘米，重19克	内蒙古鄂尔多斯地区出土 鄂尔多斯市博物院藏	
圆锥体弹簧式金耳坠 （1对）	战国（公元前475~前221年） 最长7.5、最短6.2厘米，重13.3克	内蒙古鄂尔多斯地区出土 鄂尔多斯市博物院藏	
串玉石金耳坠 （1对）	战国（公元前475~前221年） 最长长9、宽2厘米；最短长7、宽2厘米， 重23.3克	内蒙古鄂尔多斯地区出土 鄂尔多斯市博物院藏	
鸳鸯金带钩	春秋（公元前770~前476年） 通高1.5厘米	陕西宝鸡益门堡2号墓出土 宝鸡市考古研究所藏	
鸳鸯金带钩	春秋（公元前770~前476年） 通高1.5厘米	陕西宝鸡益门堡2号墓出土 宝鸡市考古研究所藏	
兽面金方泡	春秋（公元前770~前476年） 长3.9、宽2.9、厚0.1厘米	陕西宝鸡益门堡2号墓出土 宝鸡市考古研究所藏	
兽面金方泡	春秋（公元前770~前476年） 长3.9、宽3.3、厚0.1厘米	陕西宝鸡益门堡2号墓出土 宝鸡市考古研究所藏	
兽面金方泡	春秋（公元前770~前476年） 长3.8、宽3.05、厚0.1厘米	陕西宝鸡益门堡2号墓出土 宝鸡市考古研究所藏	
金柄铁剑	春秋（公元前770~前476年） 通长37.8、身长25、柄长12.8厘米	陕西宝鸡益门堡2号墓出土 宝鸡市考古研究所藏	
嵌绿松石金饰件	战国（公元前475~前221年） 直径3.1、高0.6厘米，重21.4克	河北易县燕下都辛庄头遗址30号墓出土 河北省文物考古研究院藏	
嵌绿松石金饰件	战国（公元前475~前221年） 直径2.2、高0.8厘米，重19.5克	河北易县燕下都辛庄头遗址30号墓出土 河北省文物考古研究院藏	
绿松石珠（1组57件）	西汉（公元前202~公元8年） 直径0.5~1.3、厚0.3~0.5厘米	云南晋宁石寨山遗址出土 云南省博物馆藏	

名称	年代及尺寸	来源及馆藏	图像
绿松石珠串	西汉（公元前 202～公元 8 年） 长 28 厘米	云南晋宁石寨山遗址出土 云南省博物馆藏	
兽头形绿松石珠	西汉（公元前 202～公元 8 年） 长 8 厘米	云南晋宁石寨山遗址出土 云南省博物馆藏	
绿松石串饰	西汉（公元前 202～公元 8 年） 最大件径 2.6、最小件径 0.85 厘米	云南江川李家山 68 号墓出土 云南李家山青铜器博物馆藏	
珠被	西汉（公元前 202～公元 8 年） 每边通长约 40 厘米	云南江川李家山 47 号墓出土 云南李家山青铜器博物馆藏	
嵌绿松石心形金片饰 （1 组 7 件）	西汉（公元前 202～公元 8 年） 长 2、宽 1.8～1.9 厘米	云南江川李家山 69 号墓出土 云南李家山青铜器博物馆藏	
嵌石无格铜剑	西汉（公元前 202～公元 8 年） 残长 33.4、茎长 8.4、腊宽 3.6 厘米	云南江川李家山 68 号墓出土 云南李家山青铜器博物馆藏	
金腰带及圆形扣饰 （1 组 2 件）	西汉（公元前 202～公元 8 年） 金腰带长 96.2、宽 5.8～7、 扣饰直径 20.5 厘米	云南江川李家山 51 号、47 号墓出土 云南李家山青铜器博物馆藏	
镶石圆形铜扣饰	西汉（公元前 202～公元 8 年） 直径约 12 厘米	云南晋宁石寨山遗址出土 云南省博物馆藏	
嵌玉石长方形 猴边铜扣饰	西汉（公元前 202～公元 8 年） 长 12.9、宽 8.6 厘米	云南江川李家山 68 号墓出土 云南李家山青铜器博物馆藏	
镶石铜镯（1 组 6 件）	西汉（公元前 202～公元 8 年） 叠成筒高 12.2，最大件径 6.6～7、高 2.2； 最小件径 5.9、高 1.8 厘米	云南江川李家山 59 号墓出土 云南李家山青铜器博物馆藏	
镶石铜手镯 （1 组 3 件）	战国（公元前 475～前 221 年） 直径 6.4、单节高 2.2 厘米	云南江川李家山遗址出土 云南省博物馆藏	

名称	年代及尺寸	来源及馆藏	图像
镶石铜手镯 （1组2件）	西汉（公元前202～公元8年） 单节高3.4、口径6、底径6.5厘米	云南晋宁石寨山遗址出土 云南省博物馆藏	
嵌绿松石金牌饰	吐蕃时期（公元7～9世纪中叶） 高2.4、宽2.8、厚1.8厘米	征集 青海藏医药文化博物馆藏	
嵌绿松石金牌饰	吐蕃时期（公元7～9世纪中叶） 高2.5、宽2.6、厚1.7厘米	征集 青海藏医药文化博物馆藏	
嵌绿松石金牌饰	吐蕃时期（公元7～9世纪中叶） 长2.6、宽1.8、厚0.75厘米	征集 青海藏医药文化博物馆藏	
嵌绿松石金牌饰	吐蕃时期（公元7～9世纪中叶） 长2.7、宽2、厚0.65厘米	征集 青海藏医药文化博物馆藏	
嵌绿松石金牌饰	吐蕃时期（公元7～9世纪中叶） 长1.9、宽1.8、厚1.9厘米	征集 青海藏医药文化博物馆藏	
嵌绿松石金牌饰	吐蕃时期（公元7～9世纪中叶） 长1.9、宽1.8、厚1.3厘米	征集 青海藏医药文化博物馆藏	
镶绿松石金饰 （1组13件）	唐（公元618～907年） 坠长10.4、宽3.2、厚0.3厘米， 圆形饰件直径1.06、厚0.8厘米	征集 内蒙古博物院藏	
镶绿松石金带饰 （1组7件）	唐（公元618～907年） 长1.4～1.9、宽1.1～1.6厘米，重15克	征集 甘肃省博物馆藏	
鎏金錾鸟纹银牌	公元6世纪 长11、宽6.4厘米	征集 青海湟源古道博物馆藏	
金牌饰	吐蕃时期（公元7～9世纪中叶） 长4.5、宽4.5、厚0.4厘米	征集 青海藏医药文化博物馆藏	
金牌饰	吐蕃时期（公元7～9世纪中叶） 长3.5、宽3.5、厚0.4厘米	征集 青海藏医药文化博物馆藏	

名称	年代及尺寸	来源及馆藏	图像
金牌饰	吐蕃时期（公元 7~9 世纪中叶） 长 3.7、宽 3.7、厚 0.4 厘米	征集 青海藏医药文化博物馆藏	
金牌饰	吐蕃时期（公元 7~9 世纪中叶） 直径 5.6、厚 0.4 厘米	征集 青海藏医药文化博物馆藏	
金牌饰	吐蕃时期（公元 7~9 世纪中叶） 长 3.7、宽 2.9、厚 0.4 厘米	征集 青海藏医药文化博物馆藏	
嵌绿松石马形金饰 （1 组 6 件）	唐（公元 618~907 年） 长 3、宽 3.5、厚 1 厘米	征集 青海湟源古道博物馆藏	
镶绿松石金耳环 （1 对）	唐（公元 618~907 年） 长 5.5、宽 2 厘米	征集 青海湟源古道博物馆藏	
嵌绿松石立凤金头饰件	吐蕃时期（公元 7~9 世纪中叶） 高 12.5、宽 8.5 厘米，重 26 克	征集 青海藏医药文化博物馆藏	
金质嵌宝石鹅饰件	吐蕃时期（公元 7~9 世纪中叶） 长 6.8、宽 3.6、厚 2.6 厘米，重 36 克	征集 青海藏医药文化博物馆藏	
金质镶绿松石联珠纹手镯	吐蕃时期（公元 7~9 世纪中叶） 镯环长 7.3、宽 7 厘米，绿松石长 3.8、宽 3、厚 0.6 厘米；重 59 克	征集 青海藏医药文化博物馆藏	
鎏金十一面观音像	明（公元 1368~1644 年） 高 34 厘米	征集 甘肃省博物馆藏	
文殊菩萨像	明（公元 1368~1644 年） 底径 16.5~12.2、高 23.3 厘米	移交 四川博物院藏	
摩羯纹镶绿松石金耳饰	辽（公元 916~1125 年） 通高 4.5、宽 4.4 厘米	内蒙古赤峰耶律羽之墓出土 内蒙古自治区文物考古研究院藏	

名称	年代及尺寸	来源及馆藏	图像
蟾蜍形金戒指	辽（公元 916~1125 年） 长 4、宽 2.1 厘米	内蒙古通辽吐尔基山辽代墓葬出土 内蒙古自治区文物考古研究院藏	
嵌墨玉绿松石金耳饰 （1 对）	辽（公元 916~1125 年） 高 6、宽 2.8 厘米	内蒙古通辽吐尔基山辽代墓葬出土 内蒙古自治区文物考古研究院藏	
嵌绿松石兽头形 金戒指	西晋（公元 265~317 年） 高 2.9、指径 1.8 厘米	内蒙古乌兰察布市凉城小坝子滩窖藏出土 内蒙古博物院藏	
盾形金戒指	辽（公元 916~1125 年） 面长 3.6、宽 1.6 厘米	内蒙古赤峰耶律羽之墓出土 内蒙古自治区文物考古研究院藏	
嵌绿松石錾花八棱金杯	辽（公元 916~1125 年） 口径 5.9、底径 3.7、高 5.8 厘米	内蒙古通辽吐尔基山辽代墓葬出土 内蒙古自治区文物考古研究院藏	
嵌宝石鎏金包银漆盒	辽（公元 916~1125 年） 长 26、宽 25、高 13 厘米	内蒙古通辽吐尔基山辽代墓葬出土 内蒙古自治区文物考古研究院藏	
掐丝炸珠嵌绿松石金带饰	晋（公元 265~420 年） 长 9、宽 8 厘米	征集 西安大唐西市博物馆藏	
嵌绿松石金耳珰 （1 对）	唐（公元 618~907 年） 通长 2 厘米	征集 西安大唐西市博物馆藏	
镶嵌绿松石螺钿鹦鹉纹 铜镜	唐（公元 618~907 年） 直径 6.5 厘米	征集 西安大唐西市博物馆藏	
金耳饰 （1 对）	明（公元 1368~1644 年） 通长 5、宽 5.8~6 厘米，分别重 11.55、11.8 克	湖北钟祥九里郢靖王墓出土 钟祥市博物馆藏	
金耳饰 （1 对）	明（公元 1368~1644 年） 头宽 2.7、通高 5、钩长 6.7~7 厘米，分别重 1.15、1.21 克	湖北钟祥九里郢靖王墓出土 钟祥市博物馆藏	
金镶宝三大士分心	明（公元 1368~1644 年） 高 12、宽 14 厘米，重 136.6 克	湖北蕲春都昌王朱载塎墓出土 蕲春县博物馆藏	

名称	年代及尺寸	来源及馆藏	图像
金镶宝蝶赶花纽扣 （1组2件）	明（公元1368~1644年） 长5、宽2.2厘米，总重25.4克	湖北蕲春都昌王朱载塮墓出土 蕲春县博物馆藏	
鸳鸯戏莲金簪	元（公元1271~1368年） 长12.5厘米，重17.71克	湖北武汉黄陂周家田韩氏墓出土 武汉博物馆藏	
金簪花	明（公元1368~1644年） 通长15.5厘米，花体长10.1、 宽9.7厘米，重90.9克	湖北钟祥九里郢靖王墓出土 钟祥市博物馆藏	
金镶宝花顶簪	明（公元1368~1644年） 长19、簪首直径6.7厘米，重105.6克	湖北蕲春都昌王朱载塮墓出土 蕲春县博物馆藏	
镶宝石金耳环 （1对）	明（公元1368~1644年） 长5厘米	云南呈贡沐崧夫妇合葬墓出土 云南省博物馆藏	
金镶宝镂空云龙 玉帽顶	明（公元1368~1644年） 座径宽7~7.8、通高7厘米，重114.6克	湖北钟祥梁庄王墓出土 湖北省博物馆藏	
玉禁步 （1组2件）	明（公元1368~1644年） 长40、宽18厘米	湖北蕲春都昌王朱载塮墓出土 蕲春县博物馆藏	

策展手记

盘龙城遗址博物院 / 李琪

为展现中国古代绿松石文化的独特魅力，反映波澜壮阔的中华文明多元一体的发展历程，盘龙城遗址博物院联合中国社会科学院考古研究所、辽宁省文物考古研究院、内蒙古博物院、二里头夏都遗址博物馆、良渚博物院、云南李家山青铜器博物馆等全国14个省市及地区，共计38家文博单位共同举办"色如天相 器传千秋——中国古代绿松石文化展"。

本展览为我国首个聚焦古代绿松石文化的特展，以中国考古100年发掘出土的绿松石器为主体，汇集全国165件/套绿松石文物珍品。以时间为脉络，自新石器早期及至宋明，探索以往鲜为人知的古代绿松石文化，揭示其背后蕴含的文化交流与融合、工艺技术和艺术审美，展现灿烂悠久的中华文明风采。

选题策划

我国是世界上最早使用绿松石的地方，如今，更是世界最主要的绿松石产地。盘龙城遗址地处松石之乡湖北，出土有绿松石镶金饰件等绿松石重器，在绿松石文化的发展脉络上，连接古今。与之深厚的文化积淀和如今商品化繁荣形成鲜明对比的是，人们对于绿松石的认识十分有限，绿松石文化从某种程度上而言成为了失落的文明。

因此，我们考虑以时间为脉络，首次全面展示绿松石文化在不同地域，不同时代的形成、发展及演变进程。展览的时间上限确定为新石器时代早期，中原大地的贾湖先民，成为全世界制作使用绿松石的先驱，将人类使用绿松石的时间提前到距今9000年；进入到二里头文化时期，绿松石的使用和发展迎来第一个高峰；再到两周秦汉时期统治阶层始终把绿松石视为装点富丽的珍宝，其装饰工艺日臻精湛，绿松石文化也呈现东西方文化交融的特点；到了隋唐宋明时期，两条丝路的影响之下，绿松石跻身于诸多外来名贵宝玉之间，倍受宫廷推崇，呈现更为鲜明的地域特色，既用于装饰，也被寄以信仰。进入到清朝，绿松石的使用和发展没有呈现出更多新的特点，其文化面貌也没有大的变化，故此我们将展览的时间下限定至明代。

展品选择

展览旨在展现中国古代绿松石文化全貌，因此在展品的选择上，汇集了内蒙古自治区、辽宁、青海、甘肃、陕西、河南、河北、山西、山东、四川、湖北、安徽、浙

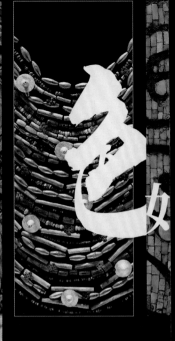

融合了 8 件代表性器物的主题海报

江、云南等多地的绿松石珍品，以较为全面的文化视野，展示与宣传中国古代绿松石文化。

　　为求更真实地反映绿松石文化，展品以考古出土器为主，我们挑选了贾湖遗址、二里头遗址、金沙遗址、殷墟遗址、晋侯墓地、马家塬墓地、曾侯乙墓、满城汉墓、吐尔基山辽墓、梁庄王墓等 46 个遗址的珍贵出土文物，涉及全国多个重大考古发现，涵盖了 9000 年以来中国古代绿松石文化的代表性器物。如：贾湖遗址出土的目前世界所见最早的绿松石饰件，二里头遗址出土的嵌绿松石铜牌饰，金沙遗址的嵌有绿松石的漆木器，宝鸡益门堡的金柄铁剑，曾侯乙墓出土的满嵌绿松石的铜匕和铜盖豆，吐尔基山辽墓出土的八棱金杯等。这些展品，全面反映了我国绿松石文化发展的脉络和各自时代特色，让观众充分感受到绿松石在中国文明发展史上的特殊地位和独特魅

中国古代绿松石文化展

MIRRORED LIKE SKY,
INHERITED BY GENERATIONS:
The Exhibition of Turquoise Culture of Ancient China

力。同时选取了少量现代湖北竹山绿松石制品作为辅助展品。其中第一单元"华光初现"展出展品 58 件/套，占比 35%；第二单元"流金耀世"展出展品 62 件/套，占比 38%；第三单元"宝竞风雅"展出展品 45 件/套，占比 27%。序章"何为松石"展出辅助展品绿松石原石 8 件，另有来自湖北竹山绿松石现代工艺品 4 件。

　　古今映照，绿松石文化从历史中走来，在时代里发展，源远流长，生生不息。

展览内容

　　展览内容以中国古代绿松石文化形成、发展、演变进程为主线，共分四个部分。以"何为松石？"为序章，系统科普绿松石的相关知识。并以时间为序，分为"华光

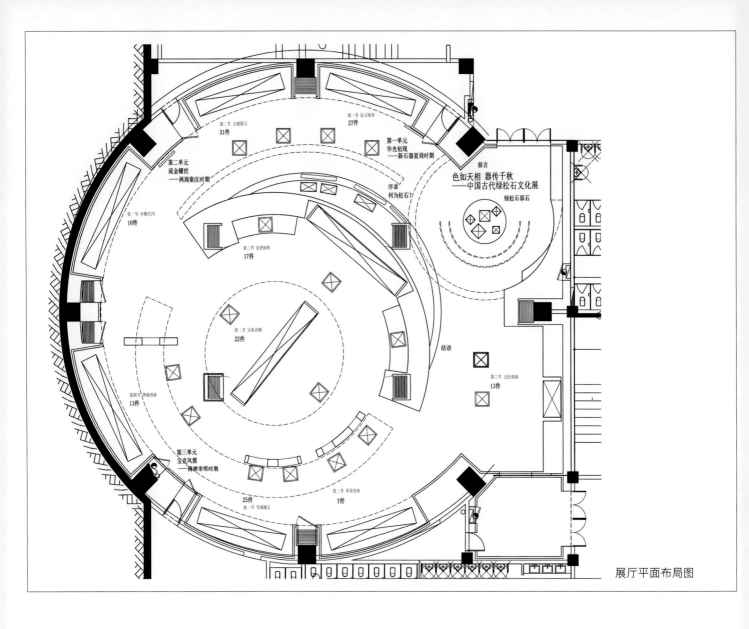

第二节 王朝国玉
31件

第一节 以玉饰身
27件

第二单元
流金耀世
——两周秦汉时期

第一单元
华光初现
——新石器夏商时期

前言
色如天相 器传千秋
——中国古代绿松石文化展

绿松石原石

序章
何为松石?

第一节 环佩玎珰
10件

第三节 金碧相辉
17件

结语

第二节 宝嵌青铜
22件

第三节 五色填绿
13件

第四节 神秘西南
13件

第三单元
宝竞风雅
——隋唐宋明时期

第二节 草原奇珍
7件

第一节 雪域瑰宝
25件

展厅平面布局图

初现——新石器夏商时期""流金耀世——两周秦汉时期""宝竞风雅——隋唐宋明时期"三个主体单元,依次展示了新石器时代至夏商时期,我国作为世界最早使用绿松石的地方,早期先民所使用的绿松石由单件或组件形式的装饰品发展成以镶嵌技术为代表的礼仪用器,绿松石也一跃而为王权的象征;再到两周秦汉时期,绿松石的应用更为广泛,装饰功能更为突出,无论是与青铜还是和黄金的结合,都堪称绝配,东西方文化交融的特点日益凸显;最后到了隋唐宋明时期,绿松石以天蓝水碧之色,赢得了不同地域、不同文化、不同信仰的人们一致的喜爱和共同的追寻,是权力与财富的象征,也是精神信仰的载体。

　　由于展览展品时间跨度大、分布地域广、品类复杂、文化面貌多样,因此在内容设计上,我们依据时代整体特征进行了主单元划分,并根据不同时代绿松石文化的具体面貌,结合展品,进行更为细致的子单元划分,帮助观众更为清晰准确地理解展览内容。如"华光初现"分为"以玉饰身"和"王朝国玉"两个部分,分别表现绿松石文化在新石器时期主要作为身体装饰用品和夏商时期化身王权象征,两个不同阶段的文化内涵。"流金耀世"则以"环佩玎珰""宝嵌青铜""金碧相辉"三个子单元,表现同一阶段,绿松石与不同材质的结合所体现出的不同的文化内涵,并单设"神秘西

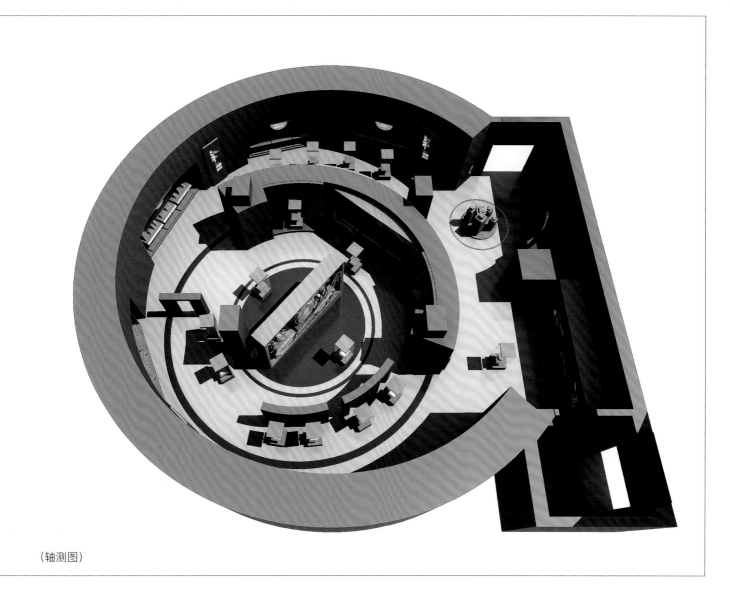

（轴测图）

南"，专门展现战汉时期西南地区绿松石文化鲜明的地方色彩。"宝竞风雅"则遵循隋唐以降绿松石文化日益浓厚的地域特色，以地理单元划分为"雪域瑰宝""草原奇珍""五色瑛琭"三个子单元。

展览内容以考古学最新发现成果与学术研究为支撑，囊括了白鹭洲战国楚墓、章丘焦家遗址、二里头遗址等近年来新出土的绿松石器，也包含金沙遗址、盘龙城遗址、贾湖遗址等多个遗址首次整理展出的珍贵展品。其中，盘龙城文化展出的多组绿松石器，依托于近年来对盘龙城绿松石出土情况的系统梳理和深度研究。并首次对两周至宋明时期绿松石器的发现情况和我国绿松石文化的发展情况做了系统阐述与总结。

形式设计

展览形式设计聚焦文物本身，本次展览汇集了 38 家文博单位的绿松石馆藏，囊括数千年的发展历程，其展品表现出时代性、地域性、民族性，因此在设计中要始终以展品为主体，并做出适量的放大和集中展示。

"草原奇珍"柜内形象取材自通辽辽墓壁画

在空间上减少隔断，突出文化交流之"和"及传承连续性。由于展览内容丰富且展陈空间有限，在同一主题统领之下，尽量减少隔断，通过统一的展厅主色调、纱幔剪影艺术造型、四面低反独立柜等加强空间连续性，映衬文化交融传承。序厅原石阵，以顶部造型构建圆形空间，和整个展厅形成半隔断观感，营造出绿松石自然之"和"。而"流金耀世""宝竞风雅"两部分，涉及诸多东西方文化交流和民族交融，在空间上不设完全的隔断，并在中心区域通过垂吊造型和展柜形成核心圆，从而突出文化之"和"。在空间布局上形成两个独立圆，和展厅圆形结构相呼应，一如我国绿松石文化延绵不绝。

展示空间规划与展览内容及文物比重相一致，第一单元占比 25%、第二单元占比 40%、第三单元占比 30%，序厅展出辅助展品绿松石原石，占比 5%。

追求纵深的视觉效果，重视柜内艺术设计，以艺术审美讲述文物故事。展览色调以深灰色为主环境色，辅之以暖色调强调色，以大面积的"深邃厚重"环境与主体"华丽重彩"之间的对比反衬，突出小体量主体。墙柜和单元主题板，均选用契合所展文物文化特色及时代风貌的元素加以烘托。例如三个一级展标，分别选取了"初""耀""雅"三字，以各自单元的代表性展品二里头嵌绿松石铜牌饰、马家塬铜错金嵌绿松石铜带钩、吐蕃嵌松石立凤金头饰件填充，既相互独立，又遥相呼应。展现大辽时期绿松石文化的展柜"草原奇珍"，柜内背景画取材于辽墓壁画等。也有一部分展柜，柜内背景铺设了并不那么起眼的暗纹，如"神秘西南"李家山鼓形贮贝器人物形象，"王朝国玉"嵌松石骨器的刻画纹样等，其实我们并无意让观众在参观过程中注意到这些纹样，因为一个展览，展品是主角，主题是灵魂，但是这些同展品和主题息息相关的设计，可以让大家始终处在一个和谐的观展氛围中。

结语

中国考古百年，在传统的宏大命题以外，有了探索未知的更多可能。本次展览，积极响应新时代文物工作更好展示中华文明风采的号召，努力探索未知的绿松石文化、揭示本源，助力广大观众更好地认识盘龙城文化，认识湖北文化，认识源远流长、博大精深的中华文明。

展览信息海报

展厅前言实景

展厅第二单元实景

展厅第三单元实景

展品实景

观众参观

观众参观

观众参观

观众参观

讲座现场

讲座现场

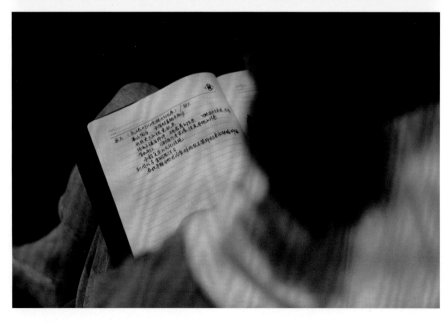

讲座现场

母亲节串珠活动

串珠活动

社教活动

社教活动

浩瀚的历史长河中，绿松石文化绚丽多姿，独具风貌。新石器时期，绿松石慰藉了人类爱美的天性，夏商时期，则俨然王权的化身，二里头文化更是缔造了绿松石发展巅峰。西周分封，东周争霸，诸侯列王，竞相奢华，绿松石走向新的高峰。两汉以来，丝绸之路带来多元碰撞，松石文化焕发新鲜活力。隋唐宋明，从繁华中土、苍茫草原到巍峨雪域，绿松石赢得人们广泛而持久的喜爱，交辉金银彩宝，光华夺目，融汇文化信仰，卓然不群。

千秋岁月间，绿松石被赋予了高贵而神秘的内涵，亦是权力与财富的象征，得到了不同地域、不同文化、不同信仰的人们一致的喜爱和共同的追寻，是先民精神信仰的重要载体，更见证了中华文明多元一体的发展历程。

我国曾是世界最早使用绿松石的地方，如今，更是世界最主要的绿松石产地。绿松石文化从历史中走来，在时代里发展，源远流长，生生不息……

Turquoise objects from different historical eras of China shine the feature of time. In Neolithic time, turquoise satisfied the human nature towards nice things. During Xia-Shang dynasties, turquoise was the symbol of royal power, highly peaked in Erlitou period. In Zhou dynasty, turquoise culture reached another peak, marking the extravagance of vassal kings. When it came to the Han dynasty, turquoise witnessed cultural communications and integrations among different regions, as the Silk Road prospering. As for the Sui-Tang-Song-Ming dynasties, turquoise was continuously favored by people with varied culture backgrounds. The Qinghai-Xizang Plateau with snowy peaks, the immense northern grasslands, the fertile Yellow River basin all bred brilliant turquoise culture. The turquoise with other gemstones inlaid on metal wares glittered, carrying multiple cultures and beliefs.

The mysterious noble blue of turquoise attracted people from different regions, cultures, beliefs in ancient history. Being the symbol of power and wealth, turquoise is the material evidence of the belief of ancestors. The diversity and integration character of Chinese history can be seen in the tradition of turquoise usage.

China used to be the birthplace of turquoise handcrafts, and nowadays plays the main role in turquoise industry. The unique turquoise culture originated in ancient China, develops through time, and will walk further into the future…

后 记

    我国是世界上最早使用绿松石的地方，如今，更是世界最主要的绿松石产地。绿松石贯穿中国古代文明社会发展始终，直至今日依然获得了人们广泛的关注和喜爱。

    盘龙城遗址地处松石之乡湖北，出土有绿松石镶金饰件等绿松石重器，在绿松石文化的发展脉络上，连接古今。本次展览，首次聚焦中国古代绿松石文化，积极响应新时代文物工作更好展示中华文明风采的号召，努力探索未知的绿松石文化、揭示本源，助力广大观众更好地认识盘龙城文化，认识湖北文化，认识源远流长、博大精深的中华文明。

    本次展览协同全国 14 个省市及地区的 37 家文博单位，汇集中国古代绿松石器165 件/套，以时间为脉络，自新石器早期及至宋明，探索以往鲜受关注的古代绿松石文化，参展展品时代跨度之大，涉及地域之广，展出品类之丰，均为同类展览之首见。展览的圆满举办和本图录的顺利编撰与出版，均离不开 37 家参展单位的鼎力支持和倾情帮助，在此谨表衷心感谢。图书编写过程中，也得到了许多专家、学者的指导和帮助，中国社会科学院考古研究所许宏教授、中国地质大学（武汉）杨明星教授特为本书作序，在此我们表示由衷的感谢。我们还要感谢为本图录提供文物高清图片和器物文字说明的各参展单位的同仁们。感谢科学出版社编辑郑佐一及其他相关工作人员，他们的辛勤工作全力保障了图录顺利面世。最后还要诚挚地感谢在本次展览和图录出版过程中不辞辛劳、全情付出的每一位工作人员。

    受编者水平的限制，本图录难免存在错漏和不足，敬请专家和读者指正。

    （本书即将付梓之际，郑州商城大墓传来发现高等级绿松石器的喜讯，以金箔为底的绿松石镶嵌器掀起讨论热潮。绿松石之于古代中国的重要意义也得到了越来越多的关注和热议，愿本次展览有为中国绿松石文化的发展与研究尽绵薄之力。）

编者

2022 年 9 月

扫码看展览